HEIMISCHE WILDSTAUDEN IM GARTEN

ATTRAKTIV UND NATURNAH GESTALTEN

ulmer

Peter Steiger

HEIMISCHE WILDSTAUDEN IM GARTEN

ATTRAKTIV UND NATURNAH GESTALTEN

INHALT

HEIMISCHE WILDSTAUDEN UND IHRE LEBENSRÄUME

MIT WILDSTAUDEN DEN GARTEN GESTALTEN

SERVICE

VORWORT

Ein Buch über Wildstauden zu schreiben, erscheint angesichts der unzähligen guten Werke über Gartenstauden möglicherweise überflüssig. Doch nur selten standen bisher *Heimische Wildstauden* im Mittelpunkt. Standortgerecht gepflanzt sind heimische Wildstauden meist robust und langlebig, bilden stabile Bestände, sind somit pflegeleicht und attraktiv. Die Berücksichtigung der Naturstandorte und ihre Übertragung in den naturnahen Garten mag auf den ersten Blick ungewohnt sein, erleichtert aber die optimale Verwendung von heimischen Wildstauden im eigenen Garten ungemein.

Die enge Vernetzung heimischer Wildstauden zu ihren Lebensräumen bringt zudem einen ästhetischen Mehrwert für Ihren naturnahen Garten: Die zum Lebensraum passenden Wildstauden wirken in der Gestaltung stimmig. Wildstauden, die am richtigen Standort gepflanzt werden, können sich optimal entwickeln und ihre ganze Schönheit entfalten. Dann leisten sie, verknüpft mit naturnahen Elementen der Umgebung, auch einen wichtigen Beitrag zur Biodiversität innerhalb unseres Siedlungsraumes.

Zu Beginn des Buches erfahren Sie Grundsätzliches zu den natürlichen Lebensräumen und geeigneten Gartenstandorten heimischer Wildstauden. Der Hauptteil des Buches stellt, nach Gartenstandorten geordnet, rund 140 besonders schöne und bewährte Wildstauden für den naturnahen Garten vor. Die Auswahl umfasst ein breites Spektrum an Blütenfarben, bezieht aber auch Früh- und Spätblüher sowie wintergrüne Wildstauden mit ein – mit dem Ziel einer möglichst abwechslungsreichen und attraktiven Bepflanzung der jeweiligen Gartenräume. Beispielhafte Pflanzpläne helfen bei der Umsetzung in Ihrem Garten.

Im Service zeigen phänologische Tabellen die jahreszeitlichen Aspekte (Blütenfarbe, Herbstlaub und besonders zierende Früchte) der im Hauptteil vorgestellten Arten. Das erleichtert Ihnen die Zusammenstellung Ihrer Pflanzung. Ein Verzeichnis der verwendeten Fachbegriffe und Bezugsquellen für heimische Wildstauden ergänzen den Anhang.

Anmerkung: Die Angaben zu Standort, Wuchsverhalten, Wuchshöhe, Blütezeit und Kombinationsmöglichkeiten der vorgestellten Wildstauden, stets Wildformen ohne züchtrische Bearbeitung oder Sorten, sind als Durchschnittswerte zu verstehen, die im Einzelfall aus spezifischen lokalen Gegebenheiten abweichen können.
Im Gegensatz zum meist eindeutigen wissenschaftlichen Namen existieren oft zahlreiche, synonym verwendete deutsche Namen für dieselbe Wildstaude.
In diesem Buch sind die meisten deutschen Namen www.floraweb.de entnommen, einige auch der Flora Helvetica.

Hinweis: Ausschließlich aufgrund der deutlich besseren Lesbarkeit wird in diesem Werk auf die jeweilige Mehrfachnennung oder Anpassung der Schreibweise bestimmter Bezeichnungen verzichtet. Im Text wird vorrangig die männliche Form verwendet, womit aber selbstverständlich alle Geschlechtsidentitäten gemeint sind.

01

HEIMISCHE WILDSTAUDEN UND IHRE LEBENSRÄUME

WAS SIND HEIMISCHE WILDSTAUDEN?

Der Begriff heimische Wildstaude wird hier ausschließlich als botanisch-ökologischer Begriff verwendet. Heimisch ist im Kontext der Biodiversität als verbunden und vernetzt mit der lokalen und regionalen Umgebung zu verstehen. Daher bedeutet heimisch auch keineswegs national, wie sich am Beispiel von drei in Deutschland heimischen Wildstauden leicht verdeutlichen lässt: Die Strand-Aster (*Aster tripolium*) ist nur in den Salzwiesen der Nord- und Ostseeküste heimisch und außerhalb dieses salztoleranten und damit hoch spezialisierten Lebensraumes in Deutschland nicht. Gleiches lässt sich über das Edelweiß (*Leontopodium alpinum*) sagen, das in Deutschland ausschließlich auf alpinen Kalkfelsrasen und exponierten Kalkfelsköpfen der Nördlichen Kalkalpen im südlichsten Bayern beheimatet ist. Unser drittes Beispiel aus der Pflanzenfamilie der Körbchenblütler (*Asteraceae*), die Wiesen-Schafgarbe (*Achillea millefolium*), ist dagegen im gesamten Deutschland verbreitet und dort häufig, wo ihr Lebensraum – trockensonnige Wiesen, Rasen und Wegränder – vorhanden ist. Die Strand-Aster und das Edelweiß werden für naturnahe Pflanzungen mit lokalen und regionalen Stauden in den meisten Teilen Deutschlands also kaum Verwendung finden und zumeist auch nicht gut gedeihen, während die Wiesen-Schafgarbe im sonnigen Wildstaudenbeet im ganzen Land leicht ein zusagendes Plätzchen finden wird.

Der Begriff Wildstaude wird gärtnerisch gemeinhin für Wildformen von Stauden verwendet, die züchterisch nicht bearbeitet worden sind, also als ursprüngliche Art wie etwa die Berg-Flockenblume (*Centaurea montana*) angeboten werden. Wildstauden in diesem Sinne können aus allen Regionen dieser Erde stammen, die eine Kultur in unseren Gärten zulassen. Meist sind sie auch mit der Vorstellung von relativer Robustheit und der Verwendbarkeit in wenig gepflegten Rabatten verbunden. Also eher langlebige Arten mit einer gewissen Durchsetzungskraft, die sich in Gruppen gepflanzt ohne größeren Pflegeaufwand zu stabilen Beständen entwickeln und einen Wildnischarakter annehmen können. Naturgemäß sind derartige Wildstauden in naturnahen Gärten besonders geeignet und gefragt.

Somit ist eine heimische Wildstaude ist im Rahmen einer Region zu betrachten. Auch die Wiesen-Schafgarbe bildet innerhalb von Deutschland verschiedene Kleinarten, die in einer bestimmten Region nebeneinander auftreten oder auch ganz fehlen können und unterschiedliche ökologische Vernetzungen aufweisen. Wie eng der Rahmen einer Region zu setzen ist, hängt von vielen Faktoren ab, nicht zuletzt von der Erhältlichkeit lokaler und regionaler Herkünfte. Bei der Verwendung von Wildstauden im Landschaftsbau außerhalb des Siedlungsgebietes, beispielsweise zur Böschungssicherung, ist der lokale Aspekt der Herkunft aus ökologischen Gründen mit Sicherheit höher zu gewichten als in einem Garten innerhalb des Siedlungsraumes ohne direkten Kontakt zu natürlichen Lebensräumen der betreffenden Art.

Strand-Aster (*Aster tripolium*)

Dieser große Garten mit einer Vielzahl standortgerecht gepflanzter, heimischer Wildstauden leistet einen wertvollen Beitrag zur Biodiversität innerhalb des Siedlungsraumes.

WARUM HEIMISCHE WILDSTAUDEN VERWENDEN?

Ein Bewusstsein und Interesse für ökologische Vernetzungen und Biodiversität ist ausschlaggebend zur bevorzugten Wahl von heimischen Wildstauden. Betrachten Sie das Staudenangebot eines Gartencenters oder den Bestand eines beliebigen Vorgartens in puncto Wildherkünfte, werden Sie feststellen, dass oft über 90 % der Stauden nicht heimisch sind. Das einerseits auf mangelndes Bewusstsein für ökologische Zusammenhänge zurückzuführen und andererseits Ausdruck einer im Vergleich zu Mitteleuropa sehr viel reicheren Flora Ostasiens und Nordamerikas – Herkunftsorte der Mehrheit unserer Gartenstauden. Bedingt ist diese größere außereuropäische Vielfalt durch die viel größeren Rückzugs- und Wiedereinwanderungsmöglichkeiten der Pflanzen entlang der in Nord-Süd-Richtung verlaufenden Gebirgszüge Ostasiens und Nordamerikas während der Eiszeiten. In Europa hingegen boten die Alpen und das Mittelmeer viel weniger Refugien und Rückkehrpotenzial für die einst subtropische Flora der Voreiszeiten. Heimische Wildstauden bieten uns faszinierende ästhetische Erlebnisse und ein verlockendes Potenzial zur Gartengestaltung. Ihre Formensprache und Gestalt ist im Einklang mit den Lebensräumen der natürlichen Umgebung und wirken daher natürlich. Sie sind unseren Klimaverhältnissen bestens angepasst und in dieser Hinsicht entsprechend robust.

Für zahlreiche heimische Tiere, insbesondere Insekten, sind sie wichtige oder einzige Futterpflanze oder bedeutend zur Eiablage, als Unterschlupf oder Heilpflanze. Was uns als Gartenpflanze zur Zierde gereicht, ist essenzieller Lebensraum für Pflanzen und Tiere, die in einem engen ökologischen Beziehungsgeflecht stehen, das uns größtenteils noch unbekannt ist. In diesem Zusammenhang ist die Verwendung heimischer Wildstauden und Gehölze ein zentrales Anliegen naturnaher Gartengestaltung wie auch der Förderung der Biodiversität innerhalb des Siedlungsraumes. Als Beispiel sehr enger und nicht ersetzbarer Beziehungen von Insekten zu heimischen Wildstauden seien hier lediglich die auf Natternkopf (*Echium vulgare*) spezialisierte Glänzende Natternkopf-Mauerbiene (*Osmia adunca*) und der auffällige Tagfalter Schwarzer Apollo (*Parnassius mnemosyne*) erwähnt, der zwingend auf Lerchensporn (*Corydalis cava* und *solida*) als Raupenfutterpflanze angewiesen ist.

Klassische Gartenstauden mit exotischer Herkunft bieten vielleicht reichlich Nektar für Honigbienen oder essbare Früchte für Ameisen, aber in der Regel eben nicht die Nahrungsbasis für eine Vielzahl heimischer Insekten. Es geht nun in keiner Weise darum, klassische Gartenstauden, zu denen Sie eine enge Beziehung haben und die Ihnen besonders gefallen, aus dem naturnahen Garten zu verbannen. Vielmehr ist im Sinne eines naturnahen Gartens anzustreben, dass eine gute Mehrheit (wenigstens zwei Drittel) der verwendeten Stauden heimische Wildstauden in standortgerechter Zusammensetzung sind. Damit können wir auch innerhalb der Siedlungen einen wichtigen Beitrag zur Biodiversität leisten, der umso größer ist, wenn enge Beziehungen zwischen unserem Garten mit Wildstauden und -gehölzen zu ähnlich artenreichen Lebensräumen in benachbarten Gartenflächen und der Landschaft außerhalb des Siedlungsgebietes bestehen.

Wenn im naturnahen Garten mit einem breiten Angebot heimischer Wildpflanzen gleichzeitig aus Sicht der Wildtiere „uninteressante" exotische Gartenstauden verwendet werden, stört das die Insekten nicht. Sie suchen artspezifisch auch unter den heimischen Wildstauden ganz gezielt ihre Futterpflanzen aus und lassen den Rest links liegen. Weist ein naturnaher Garten eine breite Palette standortgerecht gepflanzter heimischer Wildstauden und Wildgehölze auf, ist er mit Sicherheit ein ökologisch wertvoller Ort für eine Vielzahl heimischer Tiere. Umgekehrt muss auch betont werden, dass viele Pflanzen- und Tierarten mit sehr hohen und spezifischen Ansprüchen an ihren Lebensraum auch mit gutem Willen nicht im naturnahen Garten angesiedelt werden können. Wir tragen deshalb für diese Arten und Lebensräume eine ethische und politische Mitverantwortung, deren oft gefährdete Wildvorkommen an ihren Naturstandorten zu erhalten und zu fördern. Zu dieser Verantwortung gehört auch, gefährdete Wildstauden, ganz unabhängig ihres gesetzlichen Schutzstatus, keinesfalls an ihrem Wildstandort auszugraben und in Gärten zu pflanzen. Das Sammeln von Samen stellt dagegen keinen schwerwiegenden Eingriff dar, vorausgesetzt man entfernt nur einen kleinen Bruchteil des reifen Samenangebotes eines Standortes.

VERBREITUNG HEIMISCHER WILDSTAUDEN UND ÖKOTYPEN

Die meisten in Mitteleuropa heimischen Wildpflanzen weisen ein großes Verbreitungsgebiet auf, das weit über Deutschland, Österreich und die Schweiz hinausreicht. Beispiele für solche in Mitteleuropa wie auch in den drei Ländern weitverbreitete Wildstauden sind etwa Gemeine Schafgarbe, Rote Waldnelke, Gemeiner Dost oder Waldmeister.

Doch nicht alle der in diesem Buch vorgestellten Wildstauden haben eine solche weite Verbreitung, sondern folgen oft wiederkehrenden Verbreitungsmustern. Zahlreiche Arten wie etwa Blauer Lattich, Purpur-Klee oder Gemeine Küchenschelle besiedeln nur **trockenwarme Regionen**, in Deutschland beispielsweise Rhein-Main- und Donautal, Schwäbische Alb, Mittelbayern, Thüringer Becken und die Lössböden in Sachsen-Anhalt. Einige Wasser- und Sumpfpflanzen wie Langblättriger Ehrenpreis, Schwanenblume oder Sumpf-Wolfsmilch folgen nur den großen Stromtälern von Donau, Rhein-Main, Weser, Saale-Elbe und Oder. Arten mit vorwiegend **montaner Verbreitung** wie Trollblume, Wald-Storchschnabel oder Wald-Geißbart sind nur am Alpenrand und in den Mittelgebirgen verbreitet und fehlen in der Regel im Norddeutschen Tiefland. Andere Arten, wie etwa die Färber-Scharte, passen nicht in diese Muster oder sind heute auf Reliktstandorte beschränkt wie die Schachblume auf die Elbmarschen Hamburgs. Wenige, der in diesem Buch wegen ihres hohen Gartenwertes vorgestellten Arten, wie Gold-Aster oder Leberbalsam, fehlen in Deutschland natürlicherweise, besiedeln aber trockenwarme Regionen beziehungsweise Kalkfelsen in der Schweiz, Liechtenstein und Österreich (Leberbalsam ist in Österreich ausgestorben).
Was bedeutet das für die Verwendung dieser Wildstauden im naturnahen Garten? Wer sich speziell für die lokalen Verbreitungsmuster, Vernetzungen und Biodiversität interessiert, mag in seinem Garten gezielt regionaltypische Pflanzenarten und lokale Spezialitäten, vorzugsweise auch mit lokaler Herkunft des Saatgutes, verwenden und trägt damit gezielt zur Biodiversität im Garten und Siedlungsraum bei. Wem diese Zusammenhänge nicht so wichtig sind, kann standortgerechte Arten selbstverständlich auch außerhalb ihres natürlichen Verbreitungsgebietes im Garten verwenden und wird sich, bei gelungener Kombination mit weiteren standortgerechten Wildstauden und -gehölzen, dennoch zahlreicher (zumeist häufiger und verbreiteter) Insekten und weiterer Tiere als Gartenbesucher erfreuen können.

Standortgerecht heißt, die Pflanze entspricht in ihren spezifischen Ansprüchen an Boden, Feuchtigkeit und Licht dem gegebenen Gartenlebensraum. Zur regionaltypischen **Biodiversität** trägt sie bei, wenn die Pflanze wild in der nahen Umgebung vorkommt und standortgerecht im naturnahen Garten gepflanzt und mit passenden Wildstauden kombiniert wird. Je enger die lokale Verknüpfung des Gartens mit dem natürlichen Umfeld der nahen Umgebung außerhalb des Siedlungsraumes ist, desto wahrscheinlicher ist eine Trittsteinfunktion des Gartens für die lokale Biodiversität. Aus diesem Grund wird die natürliche Verbreitung der im zweiten Teil dieses Buches vorgestellten Wildstauden, zumindest für Deutschland, stets mit groben Verbreitungsangaben benannt. Wer detailliertere Angaben wünscht, kann im Netz unter www.floraweb.de genaue Verbreitungskarten für jede wild in Deutschland vorkommende Pflanzenart finden. Kommen die entsprechenden, in diesem Buch für Deutschland genannten Lebensräume und Regionen analog auch in der Schweiz, Liechtenstein und Österreich vor, sind diese Arten fast immer dort auch beheimatet, ohne in diesem Buch explizit genannt zu werden. Nur markante Abweichungen zu Deutschland werden hier ausdrücklich benannt. Für die Verbreitung in der Schweiz gibt www.infoflora.ch Auskunft, für Österreich gibt es derzeit nur elektronische Verbreitungskarten für einzelne Bundesländer. Auf Südtirol wird in diesem Buch nicht näher eingegangen, da dort höhere Lagen eine Alpenflora wie in Österreich zeigen, tiefen Lagen aber schon südliche Florenelemente außerhalb des mitteleuropäischen Blickwinkels dieses Buches aufweisen.

Wissenschaftliche Untersuchen der letzten Jahre zeigen deutlich, dass fast jede **Wildstaude regionalspezifische, genetisch unterschiedliche Ökotypen** aufweist, die fallweise in ihrer Differenzierung wichtig und oder gar unersetzlich sind für das Beziehungsgeflecht zwischen spezifi-

Dieser trockene Gartenteil wurde besonders standortgerecht gepflanzt. Alle Wildstauden – allen voran der ebenso seltene wie attraktive Purpur-Klee (*Trifolium rubens*) – kommen in natürlichen Lebensräumen in der unmittelbaren Umgebung wild vor.

schen Insekten und den regionaltypischen Genotypen der Wildpflanzen. Hier fehlt aber derzeit das notwendige Detailwissen noch weitgehend. Für die gärtnerische Praxis bedeutet dies, dass die Verwendung von regionalen Pflanzenherkünften für die lokale Biodiversität von großer Bedeutung ist. Deren Beschaffung wird praktisch (noch) nicht immer machbar sein. Aber das Bewusstsein für diese Zusammenhänge und die gezielte Nachfrage nach regionalen Ökotypen der Wildpflanzen wird das zukünftige, regional differenzierte Angebot auf dem Wildpflanzenmarkt stimulieren.

Attraktive Frühlingsgeophyten wie die Zwerg-Tulpe (*Tulipa humilis*) aus Westasien können den Frühlingsaspekt von heimischen Wildstaudenpflanzungen gezielt ergänzen, sind in unserem wechselfeuchten Klima jedoch meist nur kurzlebig.

GRENZEN HEIMISCHER WILDSTAUDENVERWENDUNG

Rotorange Blütenfarben wie bei der nordamerikanischen Schönen Akelei (*Aquilegia formosa*) sind bei Kolibribestäubung verbreitet, fehlen aber im Blütenfarbenspektrum Europas fast vollständig.

Früchte der Flora Mitteleuropas sind als Angebot für Vögel und Säuger oft intensiv rot gefärbt wie der Aronstab (*Arum maculatum*).

Rund 700 Arten heimischer Wildstauden bieten für den naturnahen Garten ein beeindruckendes und fast unerschöpfliches Sortiment an Bepflanzungsmöglichkeiten für sämtliche denkbaren Lebensräume. Die Flora Mitteleuropas, und damit das Potenzial der heimischen Wildstauden, weist allerdings, auch im Vergleich mit Nordamerika und Ostasien, einige natürliche Begrenzungen aus, die sich in der gärtnerischen Gestaltung bemerkbar machen.

FRÜHLINGSGEOPHYTEN

Die heimischen frühblühenden Stauden und Geophyten sind im schattigen Bereich gut vertreten, aber stark limitiert in den trockensonnigen Lebensräumen des naturnahen Gartens. Die besonders in Trockengebieten des Mittelmeerraumes, Westasiens und des südafrikanischen Kaplandes verbreiteten Frühlingsgeophyten stellen als fulminanter Auftakt des Gartenfrühlings eine kurzlebige, aber farbintensive Bereicherung dar. Nach meiner Meinung spricht nichts dagegen, eine heimische Wildstaudenpflanzung, insbesondere auf Trockenstandorten, gezielt mit ästhetisch passenden Wildformen von beispielsweise Iris, Tulpen, Krokussen oder Narzissen standortgerecht zu ergänzen und aufzuwerten. Diese Zwiebelgewächse können problemlos in die Zwischenräume der heimischen Wildstauden gepflanzt werden und ziehen nach der Blüte bald wieder ein. Je nach Standort werden allerdings viele dieser Frühlingsgeophyten in unserem wechselfeuchten Klima nicht langlebig sein, womit sich die ethische Frage der Nachhaltigkeit bei der regelmäßigen Verwendung und den notwendigen Nachpflanzungen stellt.

ROTORANGE BLÜTENFARBEN

Das Farbspektrum von tierisch bestäubten Blüten eines bestimmten geografischen Großraumes mit seiner spezifischen Flora ist abgestimmt auf die vorhanden Bestäuber. In Europa sind Insekten aus der Gruppe der Zweiflügler, also Bienen und Verwandte, die weitaus wichtigsten Bestäuber. Diese haben ein UV-Farbsehen und nehmen Blütenfarben

Die Nordamerikanischen Prärien bieten eine Fülle attraktiver Spätsommerblüher wie den Roten Scheinsonnenhut (*Echinacea purpurea*), die unserer heimischen Flora fehlen.

völlig anders war als wir. Feuerrote und orange Farb-töne sind im UV-Licht unscheinbar grau, weshalb in Europa praktisch keine Blüten in dieser Farbkategorie vorkommen, im Gegensatz zu Rosa und Karminrot, die auch im UV-Spektrum sichtbar und attraktiv wirken. In Nordamerika sind die farbsehenden Kolibris wichtige Bestäuber und werden von roten und orangen Blüten magisch angezogen. Daher zeigen viele Pflanzengattungen in Nordamerika feuerrote und orange Blüten. In Afrika und Asien besetzen die Nektarvögel die gleiche ökologische Nische wie die Kolibris in Amerika. Diese begehrenswerten rotorangen Blütenfarben kann die heimische Flora der Wildstauden mit ganz wenigen Ausnahmen wie etwa der Feuer-Lilie (*Lilium croceum*) nicht bieten. Ganz anders präsentiert sich das Farbspektrum dagegen bei den Früchten unserer heimischen Flora, die vorzugsweise farbsehenden Vögeln und Säugern angeboten werden, wie etwa die leuchtend roten Beeren des Aronstabs (*Arum maculatum*), Wald-Erdbeeren (*Fragaria vesca*) oder die Hagebutten der Wildrosen.

PRÄRIEGARTEN

In der nordamerikanischen Langgrasprärie sorgen kalte Winter, regelmäßige Feuer im Frühling und hohe Sommerniederschläge bei gleichzeitig hohen Temperaturen für die Entwicklung farbenprächtiger und großblumiger, oft hochwüchsiger Stauden, insbesondere aus der Familie der Körbchenblütler (*Asteraceae*) mit überwiegend leuchtend gelben Blüten. Aus der Prärie stammen auch die blau-violetten Herbst-Astern, die bei Gartenfreunden hierzulande sehr beliebt sind, um den blütenarmen, heimischen Spätsommeraspekt des Gartens wirkungsvoll zu beleben. Diese Farbenpracht kann die heimische Wildstaudenflora leider nicht bieten, unsere wenigen Spätblüher erstrahlen weit weniger spektakulär. Wer ausschließlich heimische Wildstauden verwenden möchte, muss sich damit abfinden oder andernfalls gezielt nordamerikanische Präriestauden als Spätblüher in seine Staudenpflanzungen integrieren.

NATÜRLICHE VORBILDER

Die Kalkfelsfluren mit Stein-Nelke und Mauerpfeffer gehören zu den heimischen Naturstandorten, die besonders bunt blühen (Bielersee, Schweiz).

Für gelungene Pflanzungen im naturnahen Garten kann es sehr hilfreich sein, sich Vorbilder aus den entsprechenden Lebensräumen in der Natur zu vergegenwärtigen. Pflanzen die unter denselben Umwelt- und Standortbedingungen gemeinsam wachsen, haben durch ihre lange Prägung Lebensformen entwickelt, die eine natürliche Harmonie ausstrahlen und sich in ihren Erscheinungen wie Gestalt, Blattform, Blattstrukturen und Farben gleichen oder stimmig ergänzen. Ein natürlicher Lebensraum in ungestörter Ausprägung wirkt nach meinen Erfahrungen und Empfindungen nie unausgeglichen oder disharmonisch.

In einer Gartengestaltung ohne Lebensraumbezug kann es dagegen passieren, dass beispielsweise eine Fichte neben einer Yucca oder eine dickblättrige Bergenie neben einer feinlaubigen Junkerlilie gepflanzt wird. Die Wirkung ist in beiden Fällen unharmonisch, denn die durch ganz unterschiedliche Lebensräume geprägten Gestalten sind sich wesensfremd und passen nicht zusammen. Die gemeinsame Formensprache ähnlicher Lebensräume setzt sich dagegen auch über die heimischen Lebensräume und Kontinente hinweg fort. So kann beispielsweise eine chinesische Herbst-Anemone (*Anemone hupehensis*) oder eine nordamerikanische Waldlilie (*Trillium erectum*) ästhetisch passend in eine heimische Wildstaudenpflanzung im Schatten auf tiefgründig humosem Boden integriert werden, da dieselben Lebensräume auf verschiedenen Kontinenten die gleichen Lebensformen hervorgebracht haben.

Nachstehend werden die natürlichen Lebensräume kurz charakterisiert, die die Heimat der Wildstauden für die wichtigsten Lebensräume des naturnahen Gartens sind. Die Lebensräume werden im nächsten Kapitel beschrieben.

Die Wildstauden des trockenheißen Kiesstandortes stammen aus verschiedenen Lebensräumen: kiesig-sandige Auenpionierflächen der Flüsse, Pionier- und Schuttböden auf Felsfluren in bodensauren und kalkreichen Ausprägungen, Trockenrasen und Magerwiesen und Kalkfels-Karstfluren des Gebirges. Gemeinsames Merkmal sind mannigfaltige Anpassungen der hier beheimateten Wildstauden an die Trockenheit wie schmale, zerschlitzte, eingerollte, flaumhaarige, blaugraue oder blaugrüne Blätter, Polsterwuchs oder Sukkulenz mit relativ geringer Blattoberfläche. Die kalkreichen Standorte sind zumeist bedeutend artenreicher als kalkarme Lebensräume.

Die flachgründige Silikat-Felsgrusflur über Granitfels mit Spinnwebigem Hauswurz (*Sempervivum arachnoideum*) und Weißem Mauerpfeffer (*Sedum album*) formt ein natürliches Miniaturgärtchen (Wallis, Schweiz).

Auffällig ist auch der Blütenreichtum im Vergleich zur meist bescheidenen Blattmasse, was den trockenheißen Kiesstandorten oder Felsköpfen eine ausgeprägt blütenbuntes Gepräge verleihen kann und damit als Vorbild für entsprechende Gartenstandorte dient.

Die Wildstauden der extensiven Dachbegrünung entstammen den in puncto Trockenheit und Erwärmung extremsten Lebensräumen der trockenheißen Kiesstandorte, insbesondere den extrem flachgründigen und stark austrocknenden Felsgrusfluren. Dort ist stellenweise fast nur das Wachstum dickblättriger, sukkulenter Arten wie Mauerpfeffer und Hauswurz möglich.

Die Ruderalflächen entstehen oft spontan auf Grüngutdeponien oder Schuttablagerungen in warmen Lagen. Sie generieren bei gleichzeitiger Trockenheit und guter Nährstoffversorgung beeindruckend hochwüchsige, aber oft nur zweijährige Stauden wie Königskerzen, Esels- und Mariendistel, die für eine hohe Dynamik des Pflanzenwuchses sorgen. Im Vergleich mit der trockenheißen Kiesflur ist das Pflanzenwachstum aufgrund der guten Nährstoffversorgung wesentlich üppiger, zeigt aber in trockenen Spätsommern dürrebedingt eine deutlich gelb-braune Färbung. Besonders artenreich sind die trockenwarme Ruderalflur und die etwas frischere Steinkleeflur, die mit den komplementären Blütenfarben von Steinklee und Natternkopf ausgesprochen bunt wirkt.

Die Steinklee-Natternkopfflur zeichnet ein buntes Blütenbild der trockenwarmen und nähstoffreichen Ruderal-fluren (Rheinland-Pfalz).

Die trockensonnige Staudenrabatte bezieht ihr Wildstaudenpotenzial aus unterschiedlichen Lebensräumen, insbesondere aus Saumgesellschaften und Wiesen. Die staudenreichen Saumgesellschaften finden sich entlang natürlicher und künstlicher Waldrandbereiche oder im Innern natürlicherweise lichter Waldgesellschaften. Im Unterschied zu den Wiesenstauden ertragen sie zumeist keinen regelmäßigen Schnitt.

Der trockenwarme Saum zwischen lichtem Eichenwald und Wiesensteppe ist Heimat vieler attraktiver Wildstauden für den Garten (Burgenland, Österreich).

Trockenwarme, kalkreiche Säume weisen einen besonderen Artenreichtum an Wildstauden auf, aber auch frischfeuchte Saumfluren beheimaten viele Wildstauden des naturnahen Gartens. Die Schlagflur des gerodeten Waldes zeigt für wenige Jahre eine Massenentfaltung meist großwüchsiger und kurzlebiger Stauden wie Tollkirsche oder Schmalblättriges Weidenröschen. Die Wildstauden der Wiesen ertragen im Gegensatz zu denjenigen der Säume regelmäßigen Schnitt. Viele Wiesenstauden gedeihen im Garten auch gut in Staudenrabatten ohne regelmäßigen Schnitt während der Vegetationszeit.

Die Wiesen können grob in vom Menschen geschaffene Kunstwiesen, alpine Naturwiesen über der natürlichen Waldgrenze sowie Steppenrasen in inneralpinen und osteuropäischen Trockengebieten unterteilt werden. Bei den Kunstwiesen können wiederum Fettwiese und Magerwiese differenziert werden. Die Benennung entstammt der landwirtschaftlichen Optik des fetten oder mageren Grasertrages. Die grasreiche und dadurch staudenarme Fettwiese weist eine hohe Nährstoffversorgung und dadurch rasches Graswachstum und hohe Schnitthäufigkeit auf. Nur wenige attraktiv blühende Wildstauden wie Löwenzahn oder Wiesenkerbel können unter diesen massiven Eingriffen gedeihen. Intensiv gedüngte und geschnittene Zierrasen entsprechen ökologisch diesen Fettwiesen.

Die grasarme und staudenreiche Magerwiese mit geringer Nährstoffversorgung und einem oder zwei Schnitten pro Jahr zeigt meist einen ausgesprochen reichhaltigen und bunten Blütenflor. Besonders artenreich sind sonnige Magerwiesen auf trockenwarmen Kalkstandorten. Ausgewogene, staudenreiche Wiesen brauchen eine langjährige Entwicklungszeit, Wiesenstauden können im naturnahen Garten aber auch ohne Gräser und Schnitt zu Staudenrabatten kombiniert werden.

Die kalkreiche Magerwiese mit Wiesen-Salbei entspricht dem Wunschbild blütenreicher Wiesen (Schaffhausen).

Saumbereich mit zahlreichen Wildstauden in einem lichten, trockenwarmen Flaumeichenwald über Kalkfels (Basler Jura).

Der **halbschattige Saum** entsteht meist im Schatten lichter Wälder oder in halbschattigen Waldrandbereichen. Je nach Boden- und Lichtverhältnissen gesellen sich hier Wildstauden lichter Laub- und Nadelwälder und der Säume zueinander. Saumpflanzen wie Blutroter Storchschnabel, Purpur-Klee oder Edel-Gamander ertragen zumeist keinen regelmäßigen Schnitt. Wie bei der Magerwiese sind trockenwarme Säume über Kalkfels am artenreichsten ausgebildet. Wir begegnen hier zahlreichen Wildstauden mit guter Eignung für halbschattige Gartenstandorte.

Der **tiefgründig-humose Schatten** ist die Heimat vieler Waldschattenstauden. Einerseits sind dies die rasch einziehenden Frühblüher stark schattiger Laubwälder, insbesondere des Buchenwaldes, andererseits hochwüchsige, spät austreibende Schattenstauden der Laubwälder, überwiegend der montanen Ahorn-Ulmenwälder. Die Frühblüher der Laubwälder wie Busch-Windröschen, Wald-Schlüsselblume, Blaustern oder Lerchensporn treiben im Frühjahr meist in bemerkenswert großer Zahl aus unterirdischen Speicherorganen rasch aus, um das Licht unter den noch winterkahlen Bäumen zu nutzen, bevor sich das Laubdach der Bäume zu tiefem Schatten schließt. Die hochwüchsigen Schattenstauden und Farne der montanen Ahorn-Ulmenwälder treiben dagegen auf tiefgründigen, humusreichen Böden später aus und können nach dem Einziehen der Frühblüher oft bunt gemischte und abwechslungsreiche Staudenfluren formen.

Der hochstauden- und farnreiche montane Ulmen-Ahornwald kann sehr arten- und abwechslungsreiche Staudenfluren formen, die als Vorbilder für Schattengärten dienen können (Schwarzwald).

Bodensaurer Wald-Kiefernwald auf Moränensand mit immergrüner Besenheide und Stauden, die trockenen Schatten mögen (Lettland).

Der trockene Schatten wird nur von wenigen Schattenstauden besiedelt, die entweder in trockenen Wäldern oder halbschattigen Säumen beheimatet sind. Nur wenige Stauden kommen mit der Kombination aus Trockenheit und Lichtmangel, bei oft gleichzeitigem Wurzeldruck der Gehölze, oder trockener Streuauflage zurecht. Interessanterweise sind dies überwiegend gelb blühende Arten wie Habichtkräuter, Salbeiblättriger Gamander oder Klebriger Salbei. Oft dominieren immergrüne Zwergsträucher aus der Familie der Heidekrautgewächse (Ericaceae) wie Besenheide über sauren Böden oder Schneeheide über kalkreichen Böden und schaffen damit im lichten Schatten heideartige Bilder.

Die sonnige Trockenmauer entspricht im Pflanzenbewuchs der Felsspaltenflur, in der nur hochspezialisierte Felspflanzen gedeihen können – mit der Fähigkeit sich in allerfeinsten Ritzen tief zu verwurzeln und dadurch auch lange Trockenperioden zu überleben. Niedriger Polsterwuchs und kleine Blätter sind oft kennzeichnend. Auf der Mauerkrone entfalten sich dagegen oft artenreiche, extrem trockentolerante Staudenfluren, die einer Felsflur der Felsköpfe entsprechen. Abhängig vom verwendeten Stein sind diese Felsfluren bodensauer oder kalkreich. Die schattige Trockenmauer entspricht der jeweiligen schattigen Felsspaltenflur, die weitgehend aus Moosen und Farnen aufgebaut ist. Die im Tiefland wegen der und Austrocknung eher artenarmen Felsspaltenfluren entfalten in der Montan- und Alpinstufe eine weitaus größere Artenvielfalt.

Diese subalpine sonnige Kalkfelspaltenflur mit blühendem Leberbalsam (*Erinus alpinus*) und Steinbrech kann als Vorbild für die abwechslungsreiche Bepflanzung einer Trockenmauer dienen (Glarus, Schweiz).

Feuchter Eschen-Auenwald wird im Frühling von Bärlauch (*Allium ursinum*) und Gelbem Windröschen (*Anemone ranunculoides*) dominiert (Jura, Schweiz).

Die ausgeprägte Schwimmblatt- und Uferflur eines, in einer natürlichen Mulde liegenden Weihers kann als Vorbild für eine naturnahe Teichbepflanzung dienen (Thurgau, Schweiz).

Die Feuchtzone enthält Stauden der flussbegleiteten Auenwälder, Bachufer, Quellmulden, Feucht- und Nasswiesen und Flachmoore mit entsprechend unterschiedlichen Licht-, Nährstoff- und Kalkgehalten. Gemeinsam ist diesen Stauden der hohe Feuchtigkeitsbedarf, unterschiedlich ist die Fähigkeit, dauernd hohen Wasserstand beziehungsweise Überflutungen auszuhalten. Ihren unterschiedlichen Wuchsgrößen und Standortansprüchen entsprechend, können diese Feuchtstauden im Garten für die Bepflanzung von Teichrändern, feuchten Mulden und Gräben oder zu Staunässe neigenden Schattenbereichen auf schweren Lehmböden verwendet werden.

Die Gewässer und Nasszonen können grob in Still- und Fließgewässer mit unterschiedlichen Ufer- und Schwimmblattpflanzen unterteilt werden. Die Stillgewässer enthalten in ihrer natürlichen Ausbildung stets eine Flur aus Unterwasserpflanzen, eine Schwimmblattflur und eine Uferzone mit einer wasserstandsabhängig meist deutlichen Zonierung aus unterschiedlichen Stauden und Gräsern. Damit sind sie Vorbild für die Bepflanzung von naturnahen Gartenteichen. Sobald der hohe Wasserstand landseits Gehölzwachstum erlaubt, wird der oft nur schmale Ufersaum von Weidensaumgebüsch und Auen- oder Bruchwald abgelöst. Der Nährstoff- und Kalkgehalt sowie die Wassertemperatur bestimmt die Zusammensetzung der wasserbegleitenden Staudenfluren. Diese natürlichen Nasszonen liefern das Staudenpotenzial für unsere Gartenteiche, wobei stark wuchernde, ausbreitungsfreudige Arten wie Schilf oder Rohrkolben für kleine Teiche zu vermeiden sind. Die meisten Arten haben einen hohen Lichtbedarf.

Trockenheißer Kiesstandort mit Wandkies und Trockenmauer aus Sandstein: In der Mauerspalte blüht rosa die Stein-Nelke (*Dianthus sylvestris*), im Hintergrund die violette Knäuelblütige Glockenblume (*Campanula glomerata*).

LEBENSRÄUME IM NATURNAHEN GARTEN

Das Denken und Handeln in Lebensräumen ist ein Grundpfeiler der naturnahen Gartengestaltung. Setze ich Pflanzen aus denselben oder ähnlichen Lebensräumen zusammen, korrespondieren diese in der Regel in ihrer Gestalt, Blattgröße und -struktur, denn die ähnlichen Lebensumstände führen zu einer Auslese bestimmter, aspektbestimmender Merkmale. So führt die praktische Umsetzung der nachstehend vorgestellten Lebensräume im naturnahen Garten meist zu ästhetisch stimmigen und ansprechenden Staudenpflanzungen.

So weisen die Stauden trockenheißer Standorte überwiegend kleine, filigrane, stark zerteilte, behaarte, zusammengerollte Blätter auf, die oft blaugrün oder weißwollig filzig behaart sind und der Anpassung an die geringe Wasserversorgung bei gleichzeitig hoher Verdunstung dienen. Hochstauden des kühlfeuchten, tiefgründigen Bergwaldes oder einer Bachaue stehen in ständiger Konkurrenz um das spärliche Licht. Sie sind daher oft hochwüchsig und großblättrig, die dabei entstehende hohe Verdunstung spielt keine Rolle, da die Wasser- und Nährstoffversorgung zumeist hoch ist.

Verwende ich also Stauden trockenheißer Standorte an einem entsprechenden Gartenplatz gemeinsam, ergeben sich voraussichtlich ästhetisch weit stimmigere Bilder, als wenn ich Stauden unterschiedlicher Lebensräume, beispielsweise in der bloßen Fokussierung auf Blütenfarben, wahllos und unbewusst kombiniere. Selbstverständlich sind Wildstauden, die den unterschiedlichen Lebensräumen im Garten entsprechen, auch weitaus vitaler und langlebiger als in einer nur teilweise oder gar nicht entsprechenden Gartensituation.

TROCKENHEISSER KIESSTANDORT

Die trockene, frühsommerliche Wärme ist erfüllt vom süß-würzigen Duft der Felsen-Nelke. Über dem nackten Kies leuchten blühende Polster von lilarosa Feld-Thymian, gelbem Hufeisen- und Wundklee, die Besuch von gaukelnden Bläulingen bekommen. Darüber erheben sich an filigranen Stängeln zahllose weiße Blütensternchen der Ästigen Graslilie und die sattrosa Blüten von Esparsette und Hauhechel. In tiefem Blau leuchten Wiesen-Salbei und Großer Ehrenpreis.

Dieses Stimmungsbild zeichnet einen auf den ersten Blick kargen Lebensraum, der auf den zweiten Blick eine erstaunliche Formen- und Blütenvielfalt offenbart. Der trockenheiße Kiesstandort ist zusammen mit der sonnigen Trockenmauer der weitaus extremste Lebensraum im naturnahen Garten, was Trockenheit, Nährstoffarmut und Besonnung betrifft. Neben der Trockenheit und Durchlässigkeit des Kiessubstrates in voller Sonne bestimmt das völlige oder weitgehende Fehlen von Humus und damit ausgeprägte Nährstoffarmut diesen Extremstandort. Nur trockenheitsangepasste, spezialisierte Pflanzen mit entsprechenden Schutzvorkehrungen gegen zu starke Verdunstung können hier überleben und gedeihen.

Überraschend ist der oftmals hohe Blütenreichtum im Vergleich zur produzierten Blattmasse: Einige Stauden der Trockenstandorte scheinen zur Blütezeit allein aus Blüten zu bestehen, die die darunterliegenden Blätter vollständig überdecken können. Der reizvolle Kontrast zwischen trockenem Mineralboden, wenig grünem Blattwerk und vielen, häufig sehr farbintensiven Blüten ist einer der größte Pluspunkte des trockenheißen Kiesstandortes. Nicht zu verwechseln ist dieser Standort mit den zurzeit leider gängigen Kieswüsten im Garten, ausgeführt als vegetationsfreie Schotterwüsten mit einer Vliessperre im Untergrund. Diese mögen zwar pflegearm sein, haben aber nichts mit ernst gemeinter Gartengestaltung zu tun und stellen lediglich ein Armutszeugnis für Gestalter und Besitzer aus.

Der trockenheiße Kiesstandort benötigt nur einen geringen Pflegeaufwand, da die Pflanzen infolge Nährstoffarmut langsam wachsen und nur wenig bis gar kein Unkraut (Beipflanzen) gejätet werden muss. Sind die frisch gepflanzten Stauden auf dem Trockenstandort einmal eingewachsen und tief verwurzelt, sind sie ausgesprochen dürreresistent. Das erweist sich in der entsprechenden Gartenlage in heißen Sommern als großer Vorteil, da lange nicht und wenn überhaupt, nur vergleichsweise spärlich gewässert werden muss.

Der Kiesstandort kann den lokalen Gegebenheiten und Materialien entsprechend aus unterschiedlichen Gesteinsbestandteilen bestehen. Naheliegend ist die Verwendung von sogenanntem Wandkies, der direkt als Gemisch unterschiedlicher Korngrößen aus der Kiesgrubenwand gebrochen wird. Die Korngrößen reichen von groben Steinen mit einem Durchmesser von mehreren Zentimetern bis zu feinem Sand, wobei der Feinanteil den Pflanzenwuchs begünstigt. Deshalb eignet sich reiner, gewaschener Rundkies oder grober Schotter ohne Feinanteil kaum für die Gestaltung von bepflanzten Trockenstandorten im Garten. Reiner Sand trocknet in der Regel zu schnell aus, da die Kapillarkräfte nicht durch unterschiedliche Korngrößen gebremst werden. In Gartengestaltungen mit Kalksteinen kann auch roh gebrochener und damit kantiger Kalksplitt verwendet werden.

Die Verwendung von Lehm an der Oberfläche ist zwar möglich, schafft aber stark wechseltrockene Standorte, die eine zwar interessante, aber zahlenmäßig nur sehr beschränkte Artenauswahl an spezialisierten Wildstauden für wechseltrockene Standorte zulassen. Im Untergrund kann jedes beliebige mineralische Material verwendet werden, auch Bauschutt mit einem gewissen Feinanteil. Stauender Lehm sollte, zumindest in ebenen Lagen, erst ab 50 cm Tiefe verwendet werden, da die Drainage des Kiesstandortes sonst infrage gestellt ist.

Pflanzplan 1:
Trockenheißer Kiesstandort

1 **Berg-Lauch** *Allium lusitanicum*
2 **Ästige Graslilie** *Anthericum ramosum*
3 **Weidenblatt-Rindsauge** *Buphtalmum salicifolium*
4 **Karthäuser-Nelke** *Dianthus carthusianorum*
5 **Rundblättrige Glockenblume** *Campanula rotundifolia*
6 **Blutroter Storchenschnabel** *Geranium sanguineum*
7 **Blauer Lattich** *Lactuca perennis*
8 **Breitblättriges Laserkrau** *Laserpitium siler*
9 **Gemeine Küchenschelle** *Pulsatilla vulgaris*
10 **Purpurklee** *Trifolium rubens*

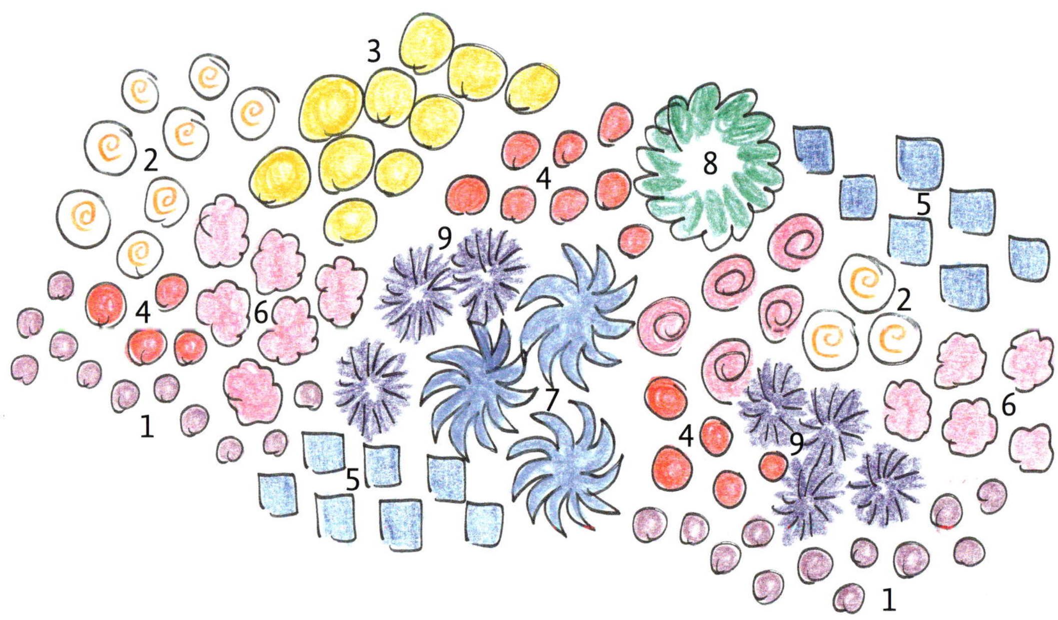

EXTENSIVE DACHBEGRÜNUNG

Der wabernden Sommerhitze über dem Flachdach scheint kein Kraut gewachsen. Doch über den fleischig-sukkulenten Blattrosetten der Mauerpfeffer zeugen sattgelbe und weiße Blütensternchen von blühendem Leben, in wirkungsvollem Kontrast zu den karminlila Blütenteppichen des Feld-Thymians und dem Rosaweiß des Gipskrautes.

Die extensive Dachbegrünung ist bei voller Besonnung als extreme Form des trockenheißen Kiesstandortes zu verstehen. Bis zu einer Substratstärke von wenigstens 15 cm Material, zumeist wird aus Gewichtsgründen Blähton verwendet, sehen die extensiven Dachbegrünungen meist sehr eintönig aus, da unter diesen Bedingungen nur sukkulente Stauden längerfristig überleben können. Im Fall der heimischen Wildstauden kommen also nur Mauerpfeffer (*Sedum* spp.) und Hauswurz (*Sempervivum* spp.), gelegentlich der Wilde Thymian oder Quendel (*Thymus serpyllum*) infrage. Ist die Schichtstärke auch nur punktuell über 15 cm dick und kann statt Blähton Kalksplitt oder Wandkies verwendet werden, gleicht die extensive Dachbegrünung einem trockenheißen Kiesstandort. Dann sind zahlreiche weitere, dürreverträgliche Wildstauden möglich, aber da die Wurzeln nur begrenzt in die Tiefe gehen können, sind nur niederwüchsige Stauden extremer Trockenstandorte langfristig überlebensfähig.

Dank einer Kiesschicht von 15 cm Dicke kann auf dieser Dachbegrünung direkt vor dem Wohnzimmerfenster ein reich blühender Teppich mit Berg-Lauch, Mauerpfeffer, Ästiger Graslilie und Gold-Aster gedeihen.

TROCKENSONNIGE UND NÄHRSTOFFREICHE RUDERALFLÄCHE

Skulpturengleich erheben sich die beeindruckenden Gestalten der Eselsdistel, flankiert von den schmalen Kerzen der Königskerzen. Von Bienen umschwärmt, setzen der tiefblaue Natternkopf und der sattgelbe Pastinak kräftige Blütenakzente. Die silberhellen Wermutblätter verströmen bei Berührung einen intensiv herben Steppenduft.

Das obige Stimmungsbild spiegelt eine große Wuchskraft. Im Gegensatz zum trockenheißen Kiesstandort auf humusarmen Mineralboden zeichnet sich der vollsonnige Ruderalstandort durch Nährstoffreichtum aus. Dieser kann aus Humuszugaben, Kompost, Mistdeponien, organischen Abfällen, Exkrementen oder selbst Bauschutt (ruderal kommt vom lateinischen Begriff *rudus* für Schutt) stammen. Das Ergebnis im Pflanzenwuchs ist eindrücklich: Üppige, bis zu 3 m aufragende Stauden, vorzugsweise stark versamende Zweijährige und kurzlebige Arten wie Königskerze, Eselsdistel, Beifuß, Steinklee oder Natternkopf prägen das Bild. Sie sorgen durch Wuchskraft bei gleichzeitiger Kurzlebigkeit für eine hohe Dynamik, die im Garten auch aus dem Ruder laufen kann, wenn eine Art durch starke Versamung zu dominant wird.

Eine artenreiche Staudenrabatte: Der zunehmende Humusgehalt sorgt für üppigen Pflanzenwuchs im (Bild-)Hintergrund.

Ruderalfläche mit Eselsdistel (*Onopordum acanthium*) und Königskerzen: Das üppige Wachstum vieler kurzlebiger Arten zeugt vom hohen Nährstoffreichtum des Standortes.

SONNIG-HUMOSE STAUDENRABATTE

Im Vordergrund beleben die sattgrünen Blattteppiche der Bach-Nelkenwurz die Rabatte, aus denen sich die zierlichen, lachsbraunroten Blütenglöckchen erheben. Gruppen weiß blühender Sterndolden kontrastieren mit den blauvioletten Blütenkerzen der Acker-Glockenblume. In leuchtendem Magenta erblüht die karminrosa Rote Waldnelke zu Füßen der hoch aufragenden Straußblütigen Margerite, deren Blütendolden über dem filigran gefiederten dunkelgrünen Laub leuchten und für eine beeindruckende Gesamtwirkung sorgen.

Die klassische, sonnige und tiefgründig-humose Staudenrabatte im Garten vereint Wildstauden aus verschiedenen natürlichen Lebensräumen wie sonniger Waldrandsaum, lichter Wald, Waldschlag oder Wiese. Entsprechend groß sind das Potenzial verwendbarer Arten und damit auch die Qual der Wahl. Hier können die folgenden, allgemein gültigen Wahlkriterien hilfreich sein. Je nach Bodenfeuchtigkeit und Besonnung finden unterschiedliche Arten ihr Wuchsoptimum: Bach-Nelkenwurz und Rote Waldnelke aus dem obigen Bild fühlen sich auf schweren, lange feucht bleibenden Lehmböden am wohlsten, Acker-Glockenblume und Strauß-Margerite dagegen an trockeneren, warmsonnigen Stellen.

Der Gesamteindruck der sonnig-humosen Staudenrabatte ist üppiger und grüner als auf dem Trockenstandort oder der Ruderalfläche, da die produzierte Blattmasse zumeist wesentlich größer ist. Der tiefgründig-humose Boden sorgt einerseits für eine hohe Wuchskraft und damit aber auch für einen hohen Pflegeaufwand, da sich bis zu einem gewünschten dichten Bestandsschluss der gepflanzten Stauden stets viele Unkräuter einfinden.

Pflanzplan 2:
Sonnig-humose Staudenrabatte

1 **Kleiner Odermennig** *Agrimonia eupatoria*
2 **Großes Windröschen** *Anemone sylvestris*
3 **Nesselblättrige Glockenblume** *Campanula trachelium*
4 **Skabiosen-Flockenblume** *Centaurea scabiosa*
5 **Großblütiger Fingerhut** *Digitalis grandiflora*
6 **Kleines Mädesüß** *Filipendula vulgaris*
7 **Sigmarskraut** *Malva alcea*
8 **Echte Katzenminze** *Nepeta cataria*

Blühende Skabiosen-Flockenblume (*Centaurea scabiosa*), Klatschnelke und Nickendes Leimkraut (*Silene vulgaris* und *nutans*) in einer artenreichen Magerwiese im Garten.

MAGERE UND FETTE WIESE

Blaue Wiesen-Salbei, karminrosa Flockenblume und Karthäuser-Nelke, gelber Bocksbart und weiße Margerite leuchten bunt in der Magerwiese. Ein leichter Wind bewegt die silbern schimmernden Ähren der Gräser. Ein zweiter Blick offenbart brummende Käfer, summende Wildbienen und Hummeln sowie zirpende Feldgrillen und Heuschrecken als Bewohner dieser Wiese.

Wer möchte diese Idylle nicht in seinem eigenen Garten haben? Doch ist diese leider nicht ganz so leicht zu verwirklichen. Bemerkenswerterweise behält in der sprachlichen Bezeichnung der Wiesen auch im Garten die landwirtschaftliche Wiesenoptik ihre Gültigkeit: Die Magerwiese schenkt nur mageren Ertrag, die Fettwiese ist Grundlage für fette Milch. In der Gartenoptik ist die Magerwiese die blumenreiche, die Fettwiese die üppig grasreich-blütenarme. Die gute Nährstoffversorgung der Fettwiese auf tiefgründigen Böden sorgt für eine Dominanz raschwüchsiger Gräser, die nur wenigen robusten und schnell regenerierenden Wildstauden wie Löwenzahn oder Wiesen-Kerbel Raum lassen.

Begehrt im naturnahen Garten ist aus diesem Grund die blumenreiche Magerwiese, möglichst mit zahlreich blau blühendem Wiesen-Salbei. Eine artenreiche Magerwiese braucht jedoch mindestens 5 bis 10 Jahre für ihre Entwicklung und zeigt sich nur dann blumenreich, wenn der Boden sowohl sehr mager (humusarm) als auch trockenwarm und gut besonnt ist. Zu bedenken ist zudem, dass der begehrte, aber bald dürr werdende Blumenteppich der Magerwiese nur während weniger Wochen im Jahr schön wirkt, im Gegensatz zu einer nicht gemähten Staudenrabatte, die mindestens für ein halbes Jahr Blüten präsentieren kann.

Aus diesen Gründen ist die blumenreiche Wiese im Garten wohl derjenige Lebensraum, bei dem Wunschbilder und Realität am weitesten auseinanderdriften und Enttäuschungen fast vorprogrammiert sind. Wer jedoch aber auf den üblicherweise nicht so optimalen Gartenstandorten auch mit einer entsprechend artenärmeren Wiese zufrieden ist, die beispielsweise robuste Arten wie Wiesen-Margerite und Schafgarbe oder Rote Waldnelke auf lehmreichen Böden enthalten kann, findet sein Wiesenglück auch im eigenen Garten. Blumenreiche Rasen, sogenannte

Blumenreicher Rasen mit Kriechendem Günsel (*Ajuga reptans*) und Gänseblümchen (*Bellis perennis*) im Wonnemonat Mai.

Gebrauchsrasen, können die intensiv gedüngten und gepflegten Parkrasen in naturnahen Gärten ersetzen. Auch hier ist der Blumenanteil bei mageren Böden und guter Besonnung höher und stark abhängig von der Häufigkeit der Nutzung in Form von Liegefläche, Kinderspielplatz oder Hundeauslauf. Es sind nur wenige niedrige Arten, wie beispielsweise Kriechender Günsel, Gänseblümchen, März-Veilchen oder Schlüsselblumen, die hier meist für eher frühe Blütenfarbe sorgen, als Masseneffekt aber durchaus reizvoll wirken können. Moosreiche Rasen stellen sich bei schattigen Verhältnissen und lehmig-schweren Böden fast unweigerlich ein, wenn sich die lichthungrigen Rasengräser nicht mehr flächendeckend entfalten können. Ein guter Zeitpunkt, sich vom Bild des perfekten Rasens um jeden Preis zu verabschieden und den geringen Pflegeaufwand auf diesem satt moosgrünen Rasen zu genießen.

Sandrasen sind in Dünengebieten der Küste und im Nordostdeutschen Tiefland lokal weit verbreitet und häufig im Kontakt zu natürlichen oder aufgeforsteten Kiefernwäldern und sekundär entstandenen Heidelandschaften. Die kalkarmen, oft flechten- und moosreichen und lückigen Silbergras- und Schafschwingelrasen zeigen meist nur wenige und kleinwüchsige gartenwürdige Wildstauden wie Sand-Thymian, Berg-Jasione oder Heide-Nelke. Einige attraktive, aber im Handel meist kaum erhältliche Wildstauden sind in den kalkreicheren Schillergrasfluren beheimatet wie Sand-Strohblume, Sand-Silberscharte, Sand-Nelke, Ohrlöffel-Leimkraut oder im Binnenland auch Steppen-Wolfsmilch. Die gärtnerische Gestaltung solcher Sandrasen dürfte vor allem für Gärten attraktiv sein, die direkt im Küsten- oder Binnendünenbereich liegen, denn sie zeigen in der überwiegenden Zeit des Jahres einen braungrünen und lückigen Aspekt.

Dünenrasen auf der Kurischen Nehrung (Litauen) mit Sand-Strohblume (*Helichrysum arenarium*).

Trockener halbschattiger Saum mit Nesselblättriger Glockenblume (*Campanula trachelium*) und Gelbem Fingerhut (*Digitalis lutea*).

HALBSCHATTIGER SAUM

Die halbkugligen Blattdome des Blutroten Storchschnabels zieren sich mit magentaroten Blütensternchen. Die filigran blaugrün belaubte Kleine Wiesenraute wird flankiert von den schlanken Blütenkerzen des Gelben Fingerhutes und der Nesselblättrigen Glockenblume. Im Hintergrund leuchten die breiten, hellgrünen Blätter des Klebrigen Salbeis, der erst im Spätsommer seine hellgelben von Hummeln und Bienen begehrten Blüten entfalten wird.

Das obige Stimmungsbild zeichnet einen Lebensraum, in dem sich viele attraktive Wildstauden besonders wohl fühlen. Der halbschattige, staudenreiche Gehölzsaum wird im naturnahen Garten von einer halbschattigen Rabatte vertreten oder bildet, analog einer natürlichen Waldrandlinie, den Grenzbereich zwischen Sträuchern, Baumunterwuchs und einer sonnigen Wiese, Rasen, Sitzplatz oder Rabatte. Im Gegensatz zu den Wiesenstauden ertragen die meisten Saumpflanzen keinen regelmäßigen Schnitt in der Blütezeit. Am Rand einer Rasen- oder Wiesenfläche sorgt der Saum für einen räumlich gestuften, wirkungsvollen Übergang zwischen offener Gartenfläche und Gehölzen.

Je nach Situation kann dieses oftmals lineare Gestaltungselement sehr schmal sein oder sich an einem buchtigen Gehölzrand, in seiner Wuchshöhe gehölzwärts ansteigend, ästhetisch ansprechend mit den Sträuchern verzahnen. Auch die Betonung des (Halb-)Schattenbereiches unter der Krone eines Baumes kann mit einer Saumpflanzung untermalt werden. Je nach Schattenwirkung sind die Übergänge zu einer sonnigen Rabatte oder dem schattigen Gehölzunterwuchs fließend. Je nach Bodenbeschaffenheit kann der halbschattige Saum für Stauden und Gräser trockenere oder frisch-feuchtere Standorte enthalten.

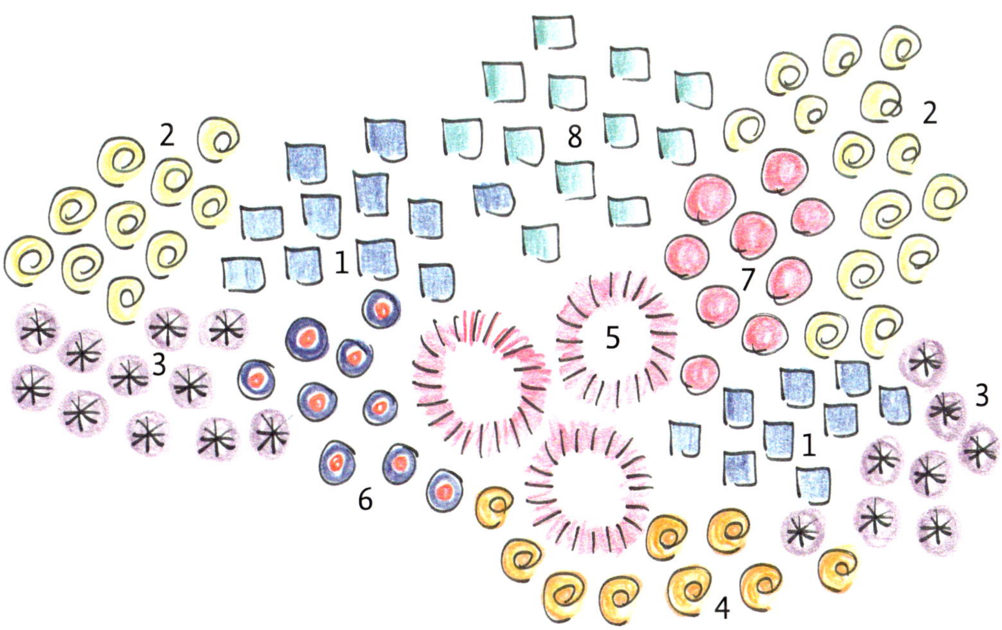

Pflanzplan 3:
Halbschattiger Saum

1 **Gemeine Akelei** *Aquilegia vulgaris*
2 **Langblättriges Hasenohr** *Bupleurum longifolium*
3 **Wald-Bergminze** *Calamintha menthifolia*
4 **Berg-Kronwicke** *Coronilla coronata*
5 **Diptam** *Dictamnus albus*
6 **Frühlings-Platterbse** *Lathyrus vernus*
7 **Alpen-Ziest** *Stachys alpina*
8 **Straußblütige Margerite** *Tanacetum corymbosum*

Im kleinen Schattengarten blühen weiße Mondviolen (*Lunaria rediviva*). Der wintergrüne Gelappte Schildfarn (*Polystichum aculeatum*) und die Wald-Hainsimse (*Luzula sylvatica*) sorgen gemeinsam für viel frisches Grün.

TIEFGRÜNDIG-HUMOSER SCHATTEN

Weiße und lilafarbene Blüten der Zahnwurz verkünden gemeinsam mit der Wald-Schlüsselblume, Lerchensporn und Blaustern den Frühling im tiefen Schatten. Die süß duftenden Blüten der Mondviole werden sich bald über einen weißen Blütenteppich aus Waldmeister erheben, umspielt von den blauen Glocken der Gewöhnlichen Akelei und dem frischen Grün der austreibenden Farne.

Dieses Stimmungsbild macht deutlich, dass der oft verkannte und stiefmütterlich mit Efeu oder Immergrün bepflanzte Schattenstandort Heimat vieler dekorativer Wildstauden ist. Kein anderer Standort im naturnahen Garten bietet einen derartigen Reichtum von Frühblühern. Dieser zeitlich differenzierte Lebensrhythmus entspricht der Waldherkunft der meisten Schattenstauden. Dort nutzen Frühblüher, die aus Speicherorganen sehr rasch austreiben können, die Frühlingswärme vor dem Laubaustrieb der Bäume. Die oft teppichbildenden, meist niederwüchsigen Frühblüher ziehen bald wieder ein und geben die Bühne frei für spät austreibende, hochwüchsige Schattenstauden und Farne, die ursprünglich oft aus tiefgründigen, aber relativ lichtreichen Ahornwäldern der Gebirge stammen und deshalb auch auf schweren Lehmboden in luftfeuchten Schattenlagen ausgezeichnet gedeihen können.

Im Schattengarten passend kombiniert, sorgen diese Stauden und Farne für eine Üppigkeit in verschiedensten Grüntönen, die kein anderer Lebensraum im Garten erreicht. Auffällig ist auch die Großblättrigkeit vieler Schattenstauden, die zwar genügend Feuchtigkeit und Nährstoffe zur Bildung großer Blätter erhalten, aber damit um das spärliche Licht kämpfen müssen. Leider sind gelungene, artenreiche Schattenpflanzungen im naturnahen Garten trotz dem hohen Potenzial ausgesprochen gartenwürdiger und -williger Wildstauden und Farne nur selten anzutreffen. Vielleicht schlummert auch in einer bisher vernachlässigten Schattenecke ihres Gartens Potenzial für eine abwechslungsreiche Schattenpflanzung mit heimischen Wildstauden? Einige wintergrüne Wildstauden und Farne sorgen darin auch im Winterhalbjahr für ansprechende grüne Blattstrukturen.

TROCKENER SCHATTEN

Die mächtige Wald-Kiefer sorgt für dauernd trockenen Schatten. Unter ihrem Kronenschirm blüht der Klebrige Salbei über großen, hellgrünen Blättern, wirkungsvoll kontrastiert von der purpurschwarzen Blütenschar des Braunen Storchschnabels und den weichen, wintergrünen Blattkerzen der Mandelblättrigen Wolfsmilch.

Die für Wildstauden schwierige Kombination von Trockenheit und Lichtmangel schränkt das Spektrum der hier gut gedeihenden Wildstauden stark ein, ganz im Gegensatz zur Fülle des Artenspektrums im tiefgründig-humosen Schatten. Je nach Baumart und -alter wird die Trockenheit unter Gehölzen durch einen dichten Wurzelfilz des Gehölzes noch verstärkt. Interessanterweise sind die meisten Wildstauden für den trockenen Schatten gelb blühend. Die Nesselblättrige Glockenblume sorgt für blauviolette Blütenfarbe, der Braune Storchschnabel für eine auffällig purpurbraune. Mandelblättrige Wolfsmilch, Salbeiblättriger Gamander und die Nieswurz beleben den trockenen Schatten im Garten mit ihren wintergrünen Blättern auch im Winter.

Der spätblühende Klebrige Salbei (*Salvia glutinosa*) eignet sehr gut für die Bepflanzung trockener Schattenstandorte.

SONNIGE UND SCHATTIGE TROCKENMAUER

Die unverfugten Kalksteine der Trockenmauer leuchten in der Abendsonne in einem hellen, warmbraunen Ockerton. In den Mauerritzen blühen blaue Glöckchen der Zwerg-Glockenblume und weiße, filigrane Blütenstände von Gipskraut und Felsennelke. Auf der Mauerkrone entfalten Stein-Nelke, Edel-Gamander, Berg-Heilwurz, Sonnenröschen und Kugelköpfiger Lauch über zierlichem Blattwerk ein Feuerwerk leuchtender Blüten in bemerkenswerter Spannung zur scheinbaren Kargheit des trockenheißen Standortes.

Die Mauerritzen einer Trockenmauer (unverfugte Natursteine ohne Zement) entsprechen ökologisch und ästhetisch den Felsspalten. Entsprechend können auf der Sonnenseite nur sehr trockenheitstolerante Wildstauden aus natürlichen Felsspalten für die Ritzenbepflanzung verwendet werden. Für kalkreiche Gesteine gibt es sehr viel mehr mögliche Felsspaltenstauden als für saure Gesteine (Gneis, Porphyr, Quarzsandstein). Die Mauerkrone mit meist tieferem Wurzelraum entspricht weitgehend dem trockenheißen Kiesstandort in seiner extremsten Ausprägung und kann mit denselben Wildstauden bepflanzt werden, die wir natürlicherweise auf Felsköpfen oder im Felsschutt finden.

Die schattige Trockenmauer ist dagegen das Reich filigraner Felsenfarne, insbesondere der Hirschzunge und verschiedener Streifenfarne und bekommt mit diesem frischen Grün auch im Winterhalbjahr einen ganz eigenen Charme. Blühende Wildstauden stehen dagegen in Analogie zum trockenen Schatten im Humus nur sehr wenige zur Verfügung.

Pflanzplan 4: Tiefgründiger Schatten

1 **Gemeiner Frauenmantel** *Alchemilla vulgaris*
2 **Wald-Geißbart** *Aruncus dioicus*
3 **Echter Waldmeister** *Galium odoratum*
4 **Wald-Storchschnabel** *Geranium sylvaticum*
5 **Bach-Nelkenwurz** *Geum rivale*
6 **Wilde Mondviole** *Lunaria rediviva*
7 **Wald-Hainsimse** *Luzula sylvatica*
8 **Vielblütiges Salomonssiegel** *Polygonatum multiflorum*
9 **Gelappter Schildfarn** *Polystichum aculeatum*
10 **Akeleiblättrige Wiesenraute** *Thalictrum aquilegifolium*

Die unbehauenen Kalksteine dieser Trockenmauer bieten sowohl Nischen für Felsspaltenstauden als auch Rückzugsmöglichkeiten für Tiere.

Dichter Lehmboden sorgt für eine feuchte Mulde, in der vorn Sibirische Schwertlilien (*Iris sibirica*) und hinten Echter Baldrian (*Valeriana officinalis*) blühen.

FEUCHTZONE UND GRABEN

Mitten in der hochsommerlich trockenen Wildstaudenbepflanzung in Gelbbrauntönung leuchtet der mit Dachwasser gespeiste Feuchtgraben oasengleich in frischem Grün, verziert von den karminroten Blütenkerzen des Blut-Weiderichs, den sattgelben Körbchen des Flohkrautes und den bienenumschwärmten hellblauen Blütenkugeln des Teufelsabbisses.

Feuchte Standorte im Garten können durch ihre differenzierte Staudenbepflanzung und hochsommerliche Frische spannende Kontraste zu den übrigen Lebensräumen im naturnahen Garten erzielen. Oft entstehen Feuchtzonen am Rande von Gartenteichen oder in staunassen Mulden. Auch die bewusste Anlage eines von Dachwasser gespeisten Feuchtgrabens als lineares Gestaltungselement kann reizvoll sein und wird zur Versickerung an Ort und Stelle heute oft gesetzlich gefordert. Je nach Lehmgehalt des Untergrundes ist dazu eine künstliche Abdichtung (Teichfolie, Beton) bis zur geplanten Versickerungsstelle erforderlich.

Im Gegensatz zur dauernd vernässten Nasszone eines Teiches oder Bachlaufes kann die Feuchtzone auch wechselfeucht sein – mit einer periodischen Austrocknung in ausgeprägten Trockenzeiten. Ist dies der Fall, eignen sich zur Bepflanzung speziell Wildstauden, die auch in der Natur erfolgreich wechselfeuchte Standorte besiedeln. Erfreulicherweise sind darunter attraktive Wildstauden wie Sibirische Schwertlilie, Abbisskraut oder Flohkraut zu finden.

Pflanzplan 5: Feuchtzone

1 **Wohlriechender Lauch** *Allium suavolens*

2 **Sumpf-Dotterblume** *Caltha palustris*

3 **Echtes Mädesüß** *Filipendula ulmaria*

4 **Schwalbenwurz-Enzian** *Gentiana asclepiadea*

5 **Sibirische Schwertlilie** *Iris sibirica*

6 **Blut-Weiderich** *Lythrum salicaria*

7 **Ross-Minze** *Mentha longifolia*

8 **Wald-Schlüsselblume** *Primula elatior*

9 **Teufelsabbiss** *Succisa pratensis*

Flache und gut besonnte Uferbereiche ermöglichen eine attraktive Randbepflanzung.

GEWÄSSER ODER NASSSTANDORT

Die spiegelnde Oberfläche des Gartenteiches wird von den gelben Blütensternen und den runden Blättchen der Gemeinen Seekanne akzentuiert. Die schlanken Rispen des Froschlöffels und des Strauß-Gilbweiderichs markieren den Übergang zur Nasszone des Uferbereiches, landwärts gesäumt von der aromatisch duftenden Wasser-Minze und den hellgrünen Wedeln des Sumpffarnes.

Gewässer im Garten sind überwiegend künstlich angelegt und abgedichtete Teichanlagen, die vorzugsweise die Pracht eines Seerosenweihers wie auf Monets Gemälden entfalten sollen. Oft genug sorgen die beschränkten Platzverhältnisse und ein durch Humuszugabe zu üppiges Nähstoffangebot für eine Überbepflanzung des Teiches und offene Wasserflächen verschwinden bald unter Seerosenblättern oder im Schilfwald. Eine ausgewogene und ansprechende Teichbepflanzung benötigt auch genügend Licht. Raschwüchsige Röhrichtpflanzen wie Schilf, Rohrkolben und Gelbe Schwertlilie gehören aus Platzgründen nicht in einen Gartenteich, sondern benötigen größere Gewässer in Parkanlagen.

Wir unterscheiden im und am Gewässer drei völlig unterschiedliche Wuchszonen: erstens die Unterwasserzone mit filigran zerteilten Blättern wie Tausendblatt oder Hornkraut, zweitens die auf der Wasseroberfläche schwimmenden Blätter der Schwimmblattzone wie Teichrose oder Laichkraut und drittens die Uferzone mit senkrecht aufstrebenden, dichten Stängeln. Kein anderer Lebensraum im Garten bietet einen derart extremen Formenwechsel der Pflanzengestalt auf so kompaktem Raum wie der Gartenteich mit seinem Wechsel von zartblättrigen Unterwasserpflanzen, ledrigen Schwimmblattpflanzen und senkrecht aufragenden Uferpflanzen. Naturnahe Bachläufe sind im Garten leider nur selten vorhanden. Sie können bei passender Wassertiefe und Fließgeschwindigkeit mit Berle oder Brunnenkresse geschmückt werden.

Pflanzplan 6: Gewässerrand

1 **Gemeiner Froschlöffel** *Alisma plantago-aquatica*

2 **Berle** *Berula erecta*

3 **Sumpf-Wolfsmilch** *Euphorbia palustris*

4 **Tannenwedel** *Hippuris vulgaris*

5 **Wolfstrapp** *Lycopus europaeus*

6 **Strauß-Gilbweiderich** *Lysimachia thyrsiflora*

7 **Fieberklee** *Menyanthes trifoliata*

8 **Sumpf-Vergissmeinnicht** *Myosotis palustris*

EINJÄHRIGE ACKERBEGLEITFLUR

Wie ein buntes, impressionistisches Gemälde präsentiert die Ackerbegleitflora eine Fülle weißer Kamillen, tiefblauer Kornblumen sowie leuchtend roten Klatschmohn. Darin eingestreut erfreuen die eleganten Blüten des violetten Frauenspiegels, blauen Acker-Rittersporns und der karminrosa Kornrade.

Dieses Bild kann, trockensonnige kalkreiche Böden vorausgesetzt, auch im Garten spektakulär wirken und entsteht kurzfristig nach Einsaat von einjährigen (annuellen) Ackerbegleitpflanzen. Bald werden in der weiteren Entwicklung mehrjährige Wildstauden die Einjährigen ablösen, weshalb das spektakuläre Schauspiel der Einjährigen schon im folgenden Jahr verschwinden wird. Da der Fokus dieses Buches auf mehrjährigen, ausdauernden Wildstauden liegt, werden die hier erwähnten einjährigen Arten im zweiten Teil des Buches nicht berücksichtigt. Als kurzfristige Pioniereinsaat können die Annuellen aber ein durchaus bereichernden und ergänzenden Aspekt zu den Wildstauden darstellen.

Kornblumen (*Centaurea cyanus*) und Klatsch-Mohn (*Papaver rhoeas*) sorgen für eine blütenbunte einjährige Ackerbegleitflur.

Ein weitläufiger Heidegarten bei Utrecht im Vorfrühling mit prächtig blühender Erika (*Erica spp.*).

SAND- UND MOORHEIDE

Weite Flächen mit nadlig oder schuppig belaubten und karminrosa blühenden Zwergsträuchern wie Besen- und Glockenheide dominieren das ruhige Bild des Heidegartens, da und dort akzentuiert von den leuchtend gelben Blüten des Behaarten und Englischen Ginsters oder den eleganten Wedeln des Pfeifengrases und eines malerisch geformten Wacholderstrauches.

Das hier skizzierte Bild eines Heidegartens macht deutlich, dass in der Dominanz der Zwergsträucher Wildstauden nur eine sehr untergeordnete Rolle spielen. In der Norddeutschen Tiefebene sind meist sekundär durch Schlag und Beweidung aus Eichen-Birkenwäldern entstandene Heidelandschaften verbreitet. Die daran anknüpfenden, pflegeleichten und ästhetisch wirkungsvollen Heidegärten, im Kontext der entsprechenden Landschaft als trockene Sandheide oder Feuchtheide ausgebildet, können auf nährstoffarmen, sandigen oder moorigen Böden naturnahe Gartenräume mit hoher Biodiversität formen. Da die Wildstauden darin nur eine unbedeutende Rolle spielen, wird der Heidegarten im zweiten Teil dieses Buches nicht weiter berücksichtigt.

Die Wald-Hainsimse (*Luzula sylvatica*) kommt in der Natur nur in stark bodensauren Wäldern vor. Im Garten gedeiht sie in jedem nicht zu trockenen Lehmboden ausgezeichnet.

BODENANSPRÜCHE

Die Bodenansprüche der Wildstauden im naturnahen Garten sind zumeist gering, aufwendige Bodenverbesserungen und Düngung ist nur in den seltensten Fällen notwendig, da diese Stauden in der Regel ja ohne Unterstützung des Menschen in unserer heimischen Natur gedeihen und sich fortpflanzen. Umgekehrt kann man für jeden beliebigen, in einem Garten vorhandenen Boden Wildstauden aus entsprechenden Lebensräumen mit ansprechenden Blatt- und Blütenaspekten finden. Dies gilt selbst für Bauschutt (Ruderalfluren und Trockenstandorte) oder die in Gärten häufig anzutreffenden, schweren Lehmböden (sonniger bis halbschattiger Saum, tiefgründiger Schatten). Es besteht dementsprechend im naturnahen Garten die Wahlmöglichkeit, einerseits ganz pragmatisch und ohne großen Energieaufwand die entsprechenden Wildstauden für die vorhandenen Gartenräume auszuwählen und gut kombiniert zu pflanzen. Andererseits kann man durch gezielte Materialzufuhr bestimmte Lebensräume und damit Gartenbilder neu schaffen, wie beispielsweise kiesreiche Trockenstandorte, Trockenmauern, Feuchtgraben oder Gartenweiher.

TOLERANZ DER BODENANSPRÜCHE

Generell sind die Bodenansprüche einzelner Pflanzenarten im Garten meist weniger spezifisch als in der Natur. Durch Ausschaltung der in der Natur stets vorhandenen Konkurrenz mittels Pflanzung und gezieltem Jäten erweitert sich das Wuchsspektrum im Garten oft beträchtlich. Sehr viele heimische Wildstauden zeigen eine große Toleranz gegenüber unterschiedlichen Boden- (und Licht-)verhältnissen, da ihr Lebensspektrum auch in der Natur oft nicht nur auf einen einzigen, ökologisch eng begrenzten Lebensraum beschränkt ist. Auf extremen Trockenstandorten gedeihen natürlich nur Wildstauden mit entsprechenden Anpassungen an volltrockene Standorte. Diese sollen bei der Pflanzung nur ganz wenig Humus in ihrem rein mineralischen Boden erhalten. Ist der Humusgehalt zu hoch, wachsen diese Wildstauden zu üppig und verlieren ihre Form und Gesundheit, wie sich das etwa bei dem Wiesen-Salbei (*Salvia pratensis*) und dem wintergrünen Edel-Gamander (*Teucrium chamaedrys*) gut beobachten lässt. Zusätzlich lassen sich einige erstaunliche, für die Gartenkultur ausgesprochen positive Abweichungen vom natürlichen Wuchsspektrum beobachten. Die Wald-Hainsimse (*Luzula sylvatica*) ist ihres frisch moosgrünen und wintergrünen Laubes wegen für heimische Schattengärten außerordentlich wichtig. In der Natur besiedelt sie als Starksäurezeiger ausschließlich bodensaure Buchen- und Nadelmischwälder über quarzreichen Sandsteinen und Granit mit guter Wasserversorgung und ausreichender Luftfeuchtigkeit. Im schattigen Garten gepflanzt, gedeiht sie auch auf schweren, nicht zu trockenen kalkreichen Lehmböden ausgezeichnet.

Analog ist die gestalterisch durch attraktive Blüte und Blatt ebenso bedeutsame Sibirische Schwertlilie (*Iris sibirica*) in der Natur eng auf wechselfeuchte, kalkreiche Pfeifengraswiesen beschränkt und deshalb in Mitteleuropa heute bedroht. Im Garten gedeiht sie ebenfalls problemlos und reichlich blühend auf jedem nicht zu trockenen und zu schattigem Lehmboden. Einige heimische Waldstauden wie etwa Leberblümchen (*Hepatica nobilis*), Wildes Alpenveilchen (*Cyclamen purpurascens*) oder die Schnee-Hainsimse (*Luzula nivea*) lassen sich im Garten auch bei scheinbar stimmigen Bodenansprüchen nicht immer leicht ansiedeln. Möglicherweise hängt das mit den im Garten fehlenden Bakterien und Pilzen des natürlichen Waldbodens zusammen. Bei mir haben sich die Anwuchsergebnisse im Garten markant verbessert, nachdem ich natürliche Walderde zugegeben habe. Stets beachtet werden sollten bei der Pflanzung jedoch die Feuchtigkeitsbedürfnisse: Wildstauden mit hohem Feuchtigkeitsbedarf werden auf trockenen Böden nicht oder nur schlecht gedeihen, umgekehrt werden Arten trockener Standorte auf feuchten Böden leiden oder faulen. Die spezifischen Bodenansprüche der im zweiten Teil dieses Buches vorgestellten Wildstauden sind bei jeder Art individuell angegeben.

DÜNGUNG

Heimische Wildstauden benötigen in der Regel auch über viele Jahre hinweg keine Düngung, sie haben sich im Laufe der Entwicklung an die Nähstoffbedingungen des jeweiligen Lebensraumes auch ohne künstliche Düngung bestens angepasst. Nur Stauden der Fluss- und Bachauen erhalten natürlicherweise durch eine (un-)regelmäßige Überflutung und Ablagerung von Feinteilen eine natürliche Düngung. Waldbodenpflanzen profitieren von der sich langsam zersetzenden Laubstreu.

JAHRESZEITENASPEKTE

Bei einer ästhetisch ansprechenden Staudenpflanzung, konventionell oder naturnah, denken wir zumeist an die intensive Abfolge gekonnt kombinierter Blütenaspekte zwischen Mitte Mai und Ende Juni, dem Höhepunkt der meisten Staudenpflanzungen. Wie präsentiert sich unsere Staudenrabatte aber in den restlichen 10 Monaten des Gartenjahres, insbesondere in der wenig attraktiven winterlichen Ruhezeit und ihren Übergangsperioden? Wenn wir an den legendären Satz des Altmeisters der deutschen Staudenkultur Karl Foerster denken: „Es wird durchgeblüht", gerät primär die Verlängerung der Blütensaison mit Früh- und Spätblühern in den Fokus. Jenseits der klimatischen Blütenmöglichkeiten in Mitteleuropa sorgen aber farbiges Herbstlaub, leuchtende Beerenfrüchte, attraktive Fruchtstände und wintergrüne Wildstauden für die so wichtige und oft vernachlässigte winterliche Attraktivität jeder Staudenpflanzung.

Hohler Lerchensporn (*Corydalis cava*) ein Frühblüher kalkreicher Laubwälder mit intensivem Zimtduft.

FRÜHBLÜHER

Frühblüher sind auch im naturnahen Garten unverzichtbare Frühlingsboten, die nach der langen Winterruhe besonders willkommen sind und intensiv wahrgenommen werden. Besonders die im Waldschatten vor dem Laubaustrieb der Bäume blühenden Frühblüher können durch Massenblüten bezaubern. Zumeist sind es Pflanzen mit starken Speicherorganen (Geophyten), wie Rhizomen, Knollen und Zwiebeln, die mit der aufkommenden Frühlingswärme einen raschen Austrieb ermöglichen. Dazu gehören beispielsweise Märzenbecher, Busch-Windröschen oder Scharbockskraut. Die meisten dieser Frühlingsgeophyten ziehen bald wieder ein und können im schattigen Garten aus diesem Grund hervorragend mit spätaustreibenden Schattenstauden und Farnen kombiniert werden. In den trockensonnigen Lebensräumen sind heimische Frühblüher wie Gemeine Küchenschelle, Echte Schlüsselblume oder Frühlings-Fingerkraut weitaus seltener und daher besonders geschätzt für die Gestaltung von trockensonnigen Bereichen. Hier kann die Frühlingsblüte durch die gezielte Pflanzung von Zwiebelpflanzen aus dem Mittelmeerraum und westasiatischen Steppengebieten wie Wildtulpe,

Die safranduftende Weinberg-Tulpe (*Tulipa sylvestris*) gedeiht als einzige, ursprünglich mit dem Weinbau eingeführte, heimische Wildtulpe in warmen, kalkreichen Weinbergen und Gärten.

Krokus, Schneestolz oder Zwiebel-Iris bereichert werden. Aus ökologischer Sicht stören diese rasch wieder einziehenden Zwiebelpflanzen, in Kombination mit den für die Gartentiere wichtigen heimischen Wildstauden gepflanzt, kaum.

HAUPTBLÜTE

Anfang Mai bis Ende Juni, mit zunehmender Meereshöhe und nördlicher Lage etwas nach hinten verschoben, ist in den meisten Gartenlebensräumen in mitteleuropäischen Tieflagen Hochsaison und bei artenreichen Pflanzungen können sich die Blütenaspekte manchmal fast wöchentlich verschieben und ablösen. Dies macht auch die phänologische Blütentabelle im Serviceteil dieses Buches ab Seite 144 deutlich. Hier gilt es, nach gelungenen Kombinationen oft gleichzeitig blühender Wildstauden Ausschau zu halten. Bewährte Kombinationen sind etwa Blaue Akelei mit Waldmeister, Wald-Storchschnabel mit Bach-Nelkenwurz oder Blutroter Storchschnabel mit Rindsauge, Hufeisenklee, Knäuelblütiger Glockenblume oder Graslilie. Gelingt es, Komplementärfarben in gleichzeitiger Blüte zu vereinen, erhöht das natürlich den farblichen Reiz. Genauso wichtig wie die Farbaspekte der Blüten ist die indirektere Wirkung der räumlichen Anordnung der Stauden, die Blattwirkung sowie Größe und Wiederholung von Gruppenpflanzungen in Kombination mit gezielt platzierten Solitärstauden und -gehölzen.

Rezepte und Kombinationsvorschläge, die über allgemeingültige Raumwirkungen von Stauden hinausgehen, sind verlockend, aber im Grunde genommen wenig hilfreich, denn jede Einzelsituation und lokale wie regionale Gegebenheit führt zu oft ganz unterschiedlichen Ergebnissen. Dennoch sind bei den einzelnen Pflanzenporträts im zweiten Teil dieses Buches unter der Rubrik „Gut zu kombinieren“ stets einige in der Praxis besonders bewährte Kombinationsvorschläge angegeben. Ob diese Ihrem Geschmack entsprechen und in Ihrem Garten erfolgversprechend gedeihen werden, kann letztlich nur durch Ausprobieren und mit wachsender eigener Erfahrung beantwortet werden.

Hauptblüte eines trockenen, halbschattigen Gartensaumes mit Rindsauge (*Buphthalmum salicifolium*), Großblütigem Fingerhut (*Digitalis grandiflora*) und dem Kleinstrauch Schwarzwerdender Geißklee (*Cytisus nigricans*).

SPÄTBLÜHER

Spätblühende heimische Wildstauden sind leider nicht allzu häufig. Umso wichtiger ist es, das vorhandene Spektrum gezielt in die unterschiedlichen Gartenlebensräume einbringen zu können. Dabei ist zu unterscheiden zwischen langblühenden Stauden, die vom Sommer weg bis in den Herbst hineinblühen können, etwa Schafgarbe und verschiedene Flocken-, Glockenblumen und Storchschnabel, sowie den eigentlichen Spätblühern, die ihre Blütezeit erst ab Mitte August beginnen. Diese lassen sich wiederum verschiedenen Lebensräumen zuordnen. An halbschattigen Standorten fühlen sich Alpenveilchen und Schwalbenwurz wohl, trocken-humose Standorte bieten Sichel-Hasenohr, Bergminze oder Klebrigem Salbei Lebensraum, auf trockenheißen Kiesstandorten erblühen Berg-Lauch, Rosmarinblättriges Weidenröschen, Gold- und Berg-Aster. In Feuchtbereichen entfalten Schwalbenwurz-Enzian und Wohlriechender Lauch ihre späte Blütenpracht.

Der spätblühende Schwalbenwurz-Enzian (*Gentiana asclepiadea*) fühlt sich an feucht-humosen Standorten in Wäldern und Mooren wohl und gedeiht auch an entsprechenden Standorten im Garten.

HERBSTASPEKTE

Was macht den naturnahen, heimischen Staudengarten mit dem Verklingen der letzten Herbstblüten attraktiv? Einerseits sind es weithin leuchtende rote und blauschwarze Beerenfrüchte, die einige heimische Wildstauden, insbesondere aus der Familie der Spargelgewächse (*Asparagaceae*), wie Maiglöckchen oder Salomonssiegel zeigen. Andererseits können trockene Fruchtstände, beispielsweise bei vielen Doldenblütlern oder Glockenblumen, lange bis in den Winter hinein attraktiv bleiben. Trockene Fruchtstände können, besonders im Raureif und in Kombination mit wintergrünen Stauden, entscheidend zur winterlichen Attraktivität einer Staudenpflanzung beitragen. Beim allfälligen herbstlichen Rückschnitt sollten Sie diesen Aspekt deshalb beachten.

Ein schöne Herbstzierde ist die oft leuchtend gelbe, strohfarbene oder karamellbraune Herbstfärbung des Laubes wie sie etwa die Salomonssiegel, Schwalbenwurz, verschiedene Doldenblütler und besonders markant die Pfeifengräser zeigen. Wie bei den heimischen Gehölzen ist eine ausgesprochene Rotfärbung des Herbstlaubes bei den heimischen Wildstauden selten. Eine leuchtende Ausnahme macht der entsprechend benannte Blutrote Storchschnabel auf vollsonnigen Standorten.

Allerdings ist die Herbstfärbung der Wildstauden stark abhängig vom Standort, Lokalklima und herbstlichen Wettergeschehen und gestaltet sich deshalb sehr individuell und nur bedingt planbar. Bei länger anhal-

Einer der schönsten und am längsten anhaltenden Herbstaspekte heimischer Gräser bietet das Blaue Pfeifengras (*Molinia caerulea*).

tendem Wechsel sonnig-heißer Tage mit kühlen, klaren Nächten kann sich die Intensität der Herbstverfärbung vertiefen. Besonders augenfällig wird das in den inneralpinen Trockentälern wie Wallis, Engadin, Tirol oder Vintschgau, wo solche farbprägenden frühherbstlichen Wetterverhältnisse die Regel sind.

WINTERGRÜNE STAUDEN

Die Verwendung von wintergrünen Wildstauden ist auch im Naturgarten ein wichtiges, wenn auch oft vernachlässigtes Thema. Als wintergrün bezeichnet man Stauden, die im Winterhalbjahr grüne Blätter zeigen, diese aber im folgenden Frühling, im Gegensatz zu immergrünen Arten mit mehrjährigen Blättern, vollständig durch neue Blätter ersetzen. Die gestalterische Bedeutung der wintergrünen Wildstauden liegt in ihrer stark dekorativen Wirkung als belebender Gegensatz zum ansonsten braunen und fast kahlen Staudenbeet oder Gehölzschatten während der Wintermonate. Stinkende Nieswurz, Christrose, Mandelblättrige Wolfsmilch, Salbeiblättriger Gamander, Wald-Hainsimse, Hirschzunge und einige andere sind stets zuverlässig wintergrün, während weitere Arten in milden Wintern und geschützten Lagen fakultativ auch grünes Laub behalten können.

Die Mehrzahl der wintergrünen, heimischen Wildstauden und Farne fühlt sich in sommerlichen Schattenstandorten wohl.

Neben wintergrünen Blättern können auch dürr gewordene, aber aufrechte Stängelstrukturen, teilweise mit noch erhaltenen Fruchtständen, ausgesprochen attraktiv wirken. Bekannte Beispiele sind etwa die Wilde Karde und großwüchsige Doldenblütler wie Laserkraut oder Wiesen-Bärenklau. Noch vorhandene Samen locken im Winter ziemlich zuverlässig die bunt gefärbten Distelfinken zu einem Gartenbesuch.

Ansprechende Blattstrukturen der Stinkenden Nieswurz (*Helleborus foetidus*).

AUSWAHL DER WILDSTAUDEN

Wie wählen Sie die passenden Wildstauden für Ihren Garten am besten aus? Natürlich gibt es je nach Kenntnisstand der Wildstauden und ihrer gärtnerischen Anwendung ganz individuelle Vorgehensweisen. Besonders Einsteigern empfehle ich, die folgenden Punkten und auch ihre Reihenfolge, gewachsen aus meinen persönlichen Erfahrungen, zu beachten. So können sich die Gartenlebensräume und entsprechende Staudenpflanzungen den eigenen Wunschbildern entsprechend entwickeln. Dabei sind sowohl standörtliche Auswahlkriterien als auch gestalterische Aspekte wichtig.

1. STANDORT DEFINIEREN

Zunächst bestimmen Sie – entsprechend den beschriebenen Lebensräumen – den neu zu bepflanzenden oder zu ergänzenden Standort und bereiten diesen vor, beispielsweise indem Sie für einen trockenheißen Kiesstandort Kies oder Felssplitt einbringen. Es ist durchaus möglich, dass der betreffende Standort in Ihrem Garten Merkmale von zwei benachbarten Lebensräumen mit überlappenden Standorteigenschaften und damit potenziell geeigneten Wildstauden aufweist.

2. GEHÖLZE AUSWÄHLEN

Wenn Sie Bäume und/oder Sträucher pflanzen wollen, sollten Sie zuerst die entsprechenden Gehölzarten und ihren Platz im Garten auswählen. Wichtig ist, dabei die Wuchshöhe zu beachten, denn die wachsenden Gehölze werden durch ihren Schattenwurf die Umgebung und damit auch die benachbarten Staudenpflanzungen zunehmend beeinflussen.

3. STAUDENPOTENZIAL FÜR DEN STANDORT ERMITTELN

Am besten bestimmen Sie zunächst die Wildstauden, die auf dem vorgesehenen Standort gut gedeihen, bevor Sie nur nach persönlichem Geschmack auswählen. Bei größeren Pflanzvorhaben ist dringend zu empfehlen, die infrage kommenden Stauden auf einer Liste zu notieren.

Wintergrüne Stauden wie die Mandelblättrige Wolfsmilch (*Euphorbia amygdaloides)* sind wichtig für den winterlichen Jahreszeitenaspekt.

4. JAHRESZEITENASPEKTE, FARBEN UND FORMEN BEACHTEN

Nun können Sie diese Liste des Staudenpotenzials unter den Aspekten jahreszeitliche Wirkungen, Farben und Formen überpüfen: Sind blühende Stauden für die ganze Blütezeit gebührend vertreten, insbesondere akzentreiche Früh- und Spätblüher? Sorgen wintergrüne Stauden und dekorative Fruchtstände für einen ansprechenden Winteraspekt? Sind die Blütenfarben ausgewogen oder ist Ihre Lieblingsfarbe genügend vertreten? Mit der Beantwortung dieser Fragen bekommt Ihre Liste Akzente und Schwerpunkte individuell besonders wichtiger und begehrter Wildstauden, Unwichtiges und Drittrangiges fliegt an dieser Stelle von der Liste. Entspricht die bereinigte Liste dem vorhandenen Platzangebot (zur Pflanzdichte siehe folgendes Kapitel)?

5. WELCHE ROLLE SPIELT DER BIODIVERSITÄTSASPEKT?

Möchten Sie in erster Linie Ihnen gefallende, standortgerechte Wildstauden in den Garten hohlen, die nebenbei günstig für die lokale Tierwelt sind? Falls Ihnen die lokale Vernetzung als persönlicher Beitrag zur lokalen Biodiversität wichtig ist, können Sie die ausgewählten Arten dahingehend überprüfen, ob sie, zumindest in der Mehrheit, in der umgebenden Natur überhaupt heimisch sind? Dabei helfen die groben Verbreitungsangaben bei den Pflanzenporträts im zweiten Teil dieses Buches oder die genaueren Verbreitungskarten von www.floraweb.de. Wenn die aus ästhetischen Gründen gewählten Staudenarten nur zu einem kleineren Teil lokal verbreitet und standort-heimisch sind, können Sie vielleicht gezielte Änderungen vornehmen, um die Verknüpfung mit der lokalen Biodiversität zu vertiefen. Nun steht noch die Entscheidung an, wo Sie die Wildstauden erwerben: Wählen Sie das günstigste Angebot aus oder bewusst die Staudenproduzenten, die lokale Herkünfte, meist in standortgerechten Erdmischungen getopft, anbieten?

6. LEITSTAUDEN BESTIMMEN

Ist die Liste mit den für den Standort geeigneten Wildstauden geschrieben und bereinigt, empfiehlt es sich, Leitstauden zu definieren. Dazu bestimmen Sie wesentliche Stauden, die dem Standort ihr charakteristisches Gepräge verleihen und in größeren Stückzahlen oder sich wiederholend an mehreren Stellen parallel verwendet werden sollen. Diese Leitstauden geben dem zu bepflanzenden Standort sein Gerüst und seine ästhetische Hauptwirkung. Leitstauden können sowohl Wildstauden mit ausgeprägter Gruppenwirkung als auch solitär, also in herausragender Einzelstellung, zu verwendende Arten sein. Die Leitstauden werden üblicherweise auch in größerer Zahl gepflanzt als begleitende Stauden. Um die vorgesehene Wirkung zu überprüfen, können Sie die Leitstauden zuerst auf einem Pflanzplan einzeichnen und/oder später direkt im Gelände verteilen. Damit wird das Gerüst der Pflanzung ebenso sichtbar wie die verbleibenden Räume für Begleitstauden.

Für die Auswahl innerhalb des standörtlichen Potenzials entscheidend sind gestalterische Kriterien wie Gruppen- oder Solitärwirkung: Gruppenpflanzungen bringen Ruhe ins Bild und verstärken die Farb- und Formwirkung der Einzelpflanze. Schlanke, kerzig aufragende Stauden wirken deshalb besser in Gruppenpflanzungen, großwüchsige, markante Stauden mit breitem Wuchs eignen sich dagegen für Solitär-(Einzel-) Pflanzung. Wichtig ist auch die Vorder- und Hintergrundwirkung: Hohe Stauden im Vordergrund in geschlossener Pflanzung ohne Durchblick verhindern den Einblick in den Hintergrund und entwerten diesen damit. Ein differenzierter, gestufter Aufbau mit nach hinten zunehmender Wuchshöhe und bewusst gewählten Ein- und Durchblicken erhöht die Wirkung der verschiedenen Stauden. So entsteht mit Bedacht ein gewünschtes Gerüst der Formen und Wirkungen.

7. BEGLEITPFLANZEN BESTIMMEN

Das Gerüst der Leitstauden schafft (begrenzten) Raum für Begleitstauden, die die Akzentwirkung der Leitstauden entweder begleitend und dienend untermalen und verstärken oder aber kontrastierend wichtige, den Leitstauden fehlende Aspekte ergänzen.

Auf diesem Weg der schrittweisen Entscheidungen kann aus einem großen Angebot von Wildstauden eine notwendige Auslese der gewünschten Arten entstehen. Wer sich einem solchen Prozess zum ersten Mal stellt und über noch bescheidene Pflanzenkenntnisse verfügt, wird möglicherweise überfordert sein und je nach Persönlichkeit an seinen Fähigkeiten zweifeln. Doch Meister fallen bekanntlich nicht vom Himmel. So können Sie sich mit Mut ins Abenteuer stürzen und aus den resultierenden Entwicklungen viel lernen oder Sie suchen sich fachliche Beratung und Hilfe und profitieren so von bereits gemachten Erfahrungen.

Die Bach-Nelkenwurz (*Geum rivale*) ist eine wichtige Leitstaude für (halb-)schattige Lehmböden.

PFLANZUNG UND PFLEGE

In gut sortierten Wildstaudengärtnereien sind gegenwärtig bis zu 550 verschiedene Arten von heimischen Wildstauden im Angebot, also weit mehr als man für eine durchschnittliche Gartengestaltung überhaupt verwenden kann. Dennoch kann es passieren, dass gerade die spezielle Art, zu der man eine ganz besondere Beziehung hat oder die einem vielleicht in diesem Buch besonders anspricht, gerade nicht vorrätig oder bei den angefragten Gärtnereien gar nicht erhältlich ist.

Die Auswahl der in diesem Buch vorgestellten Wildstauden umfasst neben zahlreichen häufig angebotenen Wildstauden, die zum Standardsortiment der meisten Anbieter gehören, auch selten angebotene Arten, die sich aber durch einen hohen Gartenwert auszeichnen. Hier ist dann möglicherweise etwas Detektivarbeit oder auch Geduld gefragt, da eine bestimmte Pflanzenart in einem Jahr vielleicht schlecht gekeimt hat, schon ausverkauft ist, kein oder zu wenig Saatgut für die Aufzucht vorhanden war. Wenn Ihnen an dieser bestimmten Art sehr gelegen ist, lassen Sie nicht locker und probieren Sie es in den kommenden Jahren wieder. Möglicherweise steigt die Chance, eine nur in Süddeutschland, der Schweiz oder Österreich vorkommende Art bei entsprechenden Anbietern dieser Regionen zu bekommen.

Vieles ist auch per Postversand erhältlich, gerade selten angebotene Arten sind aber vielleicht nicht in Katalogen oder Vorratslisten aufgeführt. Hier lohnt sich der persönliche Besuch der Gärtnereien mit interessantem Angebot. Fast immer sind dort „Entdeckungen" zu machen – mit der entsprechenden Befriedigung, auf ein „Schnäppchen" gestoßen zu sein. Ich musste beispielsweise selbst 20 Jahre auf den Blassgelben Eisenhut (*Aconitum anthora*) warten, der dann doch ganz plötzlich und unerwartet in kleinster Stückzahl erhältlich war und mich nun in meinem Garten umso mehr erfreut. Doch die lange Wartezeit war keineswegs von Langeweile, sondern von einem stets variierenden und größer werdenden Angebot an interessanten und schönen Wildstauden geprägt, die für viele schöne Überraschungen im Garten gesorgt haben.

SÄEN ODER SETZEN?

Diese Frage stellt sich oft, denn es erscheint verlockender, einfach ein paar kostengünstigere Samen auszustreuen als eingetopfte Stauden zu beschaffen und diese einzupflanzen. Standortgerechte Einsaaten funktionieren gut bei Wiesen und Rasen sowie stark dynamischen Lebensräumen wie einjährigen Ackerbegleitfluren mit Klatschmohn, Kornblume, Kamille und Acker-Ringelblume, bedingt auch bei Ruderalfluren mit einem hohen Anteil kurzlebiger Stauden. Auch Wildstaudenfluren, die nur aus einer oder zwei Arten bestehen sollen, können oft leicht durch Saat herangezogen werden.

Meist sind aber komplexere Staudenpflanzungen mit langlebigen Arten gefragt. Meine Erfahrung zeigt, dass bei einer gleichzeitigen Saat vieler Staudenarten dank momentan optimaler Keimbedingungen oft eine oder wenige Arten (häufig Schmetterlingsblütler) rasch zur Dominanz gelangen und viele andere Arten verdrängen. Deshalb wähle ich für komplexe und artenreiche Staudenpflanzungen fast immer vorgezogene und eingetopfte Stauden. Diese haben gegenüber den empfindlichen, aufkeimenden Pflänzchen einer Saat mit heikler Jugendphase einen Entwicklungsvorsprung von 1 bis 3 Jahren und bereits ein gut entwickeltes Wurzel- und Blattwerk. Damit kann auch die besonders heikle Austriebsphase im Frühjahr, wo zarte Pflänzchen einer frischen Aussaat mit erst wenigen, kleinen Blättchen und zarten Würzelchen gegenüber Schneckenfraß, Krankheiten und Trockenheit besonders empfindlich sind, viel schneller durchlaufen werden.

Es lohnt sich, bei zertifizierten Fachbetrieben, die standortgerechte, heimische Wildstauden in biologischer Qualität produzieren, zu beziehen. Der etwas höhere Preis gegenüber konventionellen Stauden macht sich durch gutes Gedeihen und Gesundheit der Pflanzen aus meiner Sicht unbedingt bezahlt. Die Chance, Pflanzen lokaler Herkunft mit besonderem Wert für die Biodiversität zu erhalten, ist in diesen Fachbetrieben mit häufig langjähriger Erfahrung ebenfalls deutlich höher. Die Herkunft der Pflanzen kann hier stets erfragt und belegt werden.

WELCHE PFLANZDICHTE IST SINNVOLL?

Welche Pflanzdichte erzeugt eine dauerhafte Staudenbepflanzung? Diese Frage kann aus verschiedensten Blickwinkeln diskutiert und beantwortet werden. Als einfache Faustregel haben sich in der Praxis die folgenden Zahlen bewährt: Auf wüchsigen, humosen Böden 8 Pflanzen pro m^2, auf humusarmen, extrem trockenen Böden 5 Pflanzen pro m^2. Damit wird in der Regel und bei richtiger Standortwahl eine stabile Pflanzung erreicht, deren Blätter in wenigen Jahren relativ dicht schließen, dadurch zusammengewachsene Bestände ergeben und die Pflege erleichtern. Natürlich kann von diesen Richtwerten im Einzelfall getrost nach unten abgewichen werden, beispielsweise bei der Pflanzung von raumgreifenden Solitärstauden wie Geißbart (*Aruncus dioicus*) oder Großer Klette (*Arctium lappa*), die nach wenigen Standjahren eine Fläche von 1 m2 bedecken können. Ist dagegen eine Kombination mit rasch einziehenden Frühblühern auf tiefgründig humosen Böden erwünscht, kann die Anzahl auch höher als die Norm sein.

WELCHE PFLEGE BRAUCHEN WILDSTAUDEN?

Die Pflege von naturnahen Wildstaudenpflanzungen unterscheidet sich von klassischen Staudenpflanzungen nur insofern, dass heimische Wildstauden am richtigen Standort gepflanzt generell robuster und weniger krankheitsanfällig sind, da das Beziehungsgeflecht zwischen Nützlingen und Schädlingen zumeist bedeutend besser entwickelt ist als bei der Verwendung exotischer Pflanzen.

JÄTEN

Jäten ist selbstverständlich auch bei Wildstauden entscheidend zur Entwicklung des angestrebten Staudenbestandes. Heimische Wildstauden aus Naturgarten-Fachbetrieben wachsen dank standortgerechter und differenzierter Erdmischungen oft bedeutend schneller und besser an als Massenware aus dem Gartencenter, die in aufgedüngten Torfmischungen gezogen nach der Pflanzung erst einmal einen Wachstumsschock erleben. Deshalb braucht es bei Pflanzen aus dem Fachbetrieb, artspezifisch unterschiedlich, oft weniger lange, bis ein einigermaßen eingewachsener Bestand entsteht, der den Jätaufwand bedeutend reduziert. Mehrere Jätdurchgänge im zeitigen Frühjahr können die erforderliche Sommerarbeit ebenfalls deutlich minimieren. Generell benötigen stark produktive, tiefgründig humose Standorte mehr Jätaufwand als humusarme Standorte mit schwächerem Wachstum.

SCHÄDLINGE

Durch das erwähnte, intensivere Beziehungsgeflecht zwischen Schädlingen und Nützlingen bleiben erstere meist in einem Rahmen, der keine speziellen Interventionen notwendig macht. Am ganzen Arsenal von Schädlingsbekämpfungsmitteln im Gartencenter können die Freunde naturnaher Staudenpflanzungen deshalb getrost vorbeimarschieren. Der mit Abstand gefürchtetste Schädling, insbesondere bei zarten Jungpflanzen, sind jedoch Weg- und Nachtschnecken. Welche Pflanzenarten bevorzugt gefressen werden, hängt von der lokalen Gartensituation und dem Gesamtangebot an Futterpflanzen ab. Es muss in schneckenreichen Gärten jedoch damit gerechnet werden, dass ohne Schneckenbekämpfung ein bedeutender Teil einer Neupflanzung zu Schneckenfutter verarbeitet werden kann. Bei eingewachsenen Pflanzungen kann es zu optisch störenden Blattschäden kommen, Totalausfälle werden jedoch selten. Blattkrankheiten und Mehltaubefall treten besonders im Spätsommer regelmäßig auf, wirken jedoch nur in seltenen Fällen tödlich auf die, bei richtiger Standortwahl, generell sehr robusten Wildstauden. Sie sind also eher als ästhetisches Problem denn als bedrohliche Krankheiten zu betrachten.

GIESSEN

Insbesondere frisch gepflanzte Wildstauden benötigen in langen Trockenphasen regelmäßig Wasser. Dieses sollte vorzugsweise nur alle paar Tage, dann aber in einer gezielten Dosis gegeben werden, die möglichst den gesamten, in die Erde gepflanzten Topfballen befeuchtet. Spezialisierte Wildstauden der Trockenstandorte und Trockenmauern sind, einmal eingewachsen, außerordentlich trockenresistent, benötigen aber in den ersten beiden Jahren nach der Pflanzung noch ohne tiefe Verwurzelung ein besonders aufmerksames Gießen, da ihre Standorte oft sehr schnell austrocknen können und dann rasch akute Welkegefahr besteht. Gut eingewachsene Wildstaudenpflanzungen benötigen meist nur in extremen Trockenperioden eine Bewässerung.

DÜNGUNG

Wildstauden bekommen an ihren Naturstandorten höchstens eine indirekte Düngung durch Staub und Niederschlag, Waldschattenstauden eine zusätzliche Nährstoffzufuhr durch den herbstlichen Laubfall, Stauden der Flussauen durch das Feinmaterial, das bei Überschwemmungen abgelagert wird. Demzufolge brauchen heimische Wildstauden im Garten normalerweise keine zusätzliche Düngung oder Kompostgaben, vorausgesetzt der Standort wurde artgerecht gewählt. Auf nährstoffarmen Trockenstandorten kann bei einer nach 10 bis 20 Standjahren häufig zu beobachtenden Abnahme der Blühfreudigkeit gezielt eine schwache, kaliumbetonte Flüssigdüngung verabreicht werden. Gerade auf natürlicherweise nährstoffarmen Trockenstandorten kann sich eine Düngung auch negativ auswirken, in dem gedrungene, kompakten Stauden ihre Form verlieren, zu stark austreiben, vergeilen und krankheits- sowie schädlingsanfällig werden.

RÜCKSCHNITT

Ein jährlicher Rückschnitt der Wildstauden empfiehlt sich zumeist aus ästhetischen Gründen. Der klassische Herbstrückschnitt beraubt viele Insekten und Gliedertiere ihrer natürlichen Winterverstecke und der mit Raureif überzogene Winterzauber auf trockenen Fruchtständen kann sich dann auch nicht entfalten. Deshalb ist ein Rückschnitt im zeitigen Frühjahr zu empfehlen, die Wildstauden brauchen ihn nicht (in der Natur schneidet niemand), unser ästhetisches Empfinden dagegen schon. Fallen üppig gedeihende Wildstauden schon im Sommer durch Nässe auseinander und legen sich über andere, niedrigere Stauden, kann dort Lichtmangel und Fäulnis entstehen. Dann ist ein baldiger, gezielter Pflegeschnitt angezeigt.

Ein gezielter Rückschnitt im Abblühen kann auch zum sogenannten Remontieren der Blüten angewandt werden: Die der Fruchtbildung beraubten Stauden setzen schnittbedingt zu einer Nachblüte an. Diese Fähigkeit ist beispielsweise bei vielen Arten der Glockenblumen und Flockenblumen ausgeprägt. Ein gezielter Rückschnitt vor der Fruchtreife kann auch einer, mit zunehmenden Standjahren oft ansteigenden, starken und unerwünschten Versamung von Stauden vorbeugen, deren Blatt und Blüte aber nach wie vor durchaus erwünscht sind.

BEGLEITPFLANZEN UND GEHÖLZE

Die Weiße Segge (*Carex alba*) bildet auch im trockenen Schatten dichte, niedrige und feinblättrige Matten.

Unter einem rein botanischen Aspekt haben die Farne als blütenlose Nacktsamer wenig gemeinsam mit den entwicklungsgeschichtlichen moderneren Blütenstauden. Auch die vorwiegend windbestäubten Gräser gehören nur bedingt zu den Stauden. Betrachten wir aber die Überwinterungsformen der unverholzten Farne, Gräser und Stauden, zeigen sich viele Gemeinsamkeiten. Unter dem Aspekt der gärtnerischen Verwendung, im Sinne einer gemeinsamen Pflanzung und Wirkung in oft gemischten Beständen, dürfen wir Farne und Gräser getrost zu den Stauden stellen.

GRÄSER

Zu den Gräsern zählen die weit verbreiteten und für die menschliche Ernährung zentralen Süßgräser (*Poaceae*), aber auch die Sauergräser (*Cyperaceae*) und einige Grasartige wie die Binsen (*Juncaceae*), zu der heute auch die Gattung Hainsimsen (*Luzula*) gehören. Gräser sind als dominante Komponente der Wiesen und Rasen auch im naturnahen Garten prägnant vertreten. In Staudenpflanzungen können Gräser und Grasartige als Gruppenpflanzung oder Solitär verwendet werden. Durch ihre filigrane, aufstrebende Gestalt können sie eine wertvolle Ergänzung oder einen Kontrast zu breiten Blattstrukturen bieten. Verschiedene heimische Gräser mit ästhetisch guter Schauwirkung neigen allerdings dazu, durch starke Ausläuferbildung zu Problempflanzen zu werden, dazu zählen beispielsweise die Perlgräser (*Melica nutans* und *ciliata*).

Als schön belaubte Schattengräser können Weiße Segge (*Carex alba*) für eher trockene Standorte und die wegen ihrer frischgrünen, wintergrünen Blättern so wertvolle Wald-Hainsimse (*Luzula sylvatica*) für frischlehmige oder auch bodensaure Schattenstandorte empfohlen werden. Wegen ihrer späten Blüte auf schlanken Wedeln und leuchtend strohgelber bis kupferbrauner Herbstfärbung machen sich die beiden Pfeifengräser (*Molinia caerulea* und *M. arundinacea*) als Solitärpflanzen verdient.

Der Straußenfarn (*Matteuccia struthiopteris*) schafft in feuchten Senken wunderbare Bilder.

FARNE

Farne verbinden wir gemeinhin mit Waldschatten. Tatsächlich eignen sich viele heimische Farne als wichtige Gestaltungselemente hervorragend für Schattenstandorte. Als ruhiger Hintergrund unter Gehölzen oder vor düsteren Mauern können die frischgrünen Sterne der Farnwedel sowohl als Solitär als auch für größere Gruppenpflanzungen eingesetzt werden. Zum heimischen Standortsortiment der im schattigen Hinter-grund des Gartens fast unentbehrlichen Waldschattenfarne gehören die beiden weit verbreiteten, sommergrünen Arten Wald-Frauenfarn (*Athyrium filix-femina*) und der ähnliche Echte Wurmfarn (*Dryopteris filix-mas*). Weitere, verwandte Arten können verwendet werden, sehen aber sehr ähnlich aus. Wintergrüne Farne wie Gelappter Schildfarn (*Polystichum aculeatum*), Rippenfarn (*Blechnum spicant*) oder Hirschzunge (*Phyllitis scolopendrium*) werten winterkahle Schattenpflanzungen entscheidend auf. Ihre zierende Wirkung können Farne wie die Streifenfarne (*Asplenium trichomanes* und andere) aber auch in schattigen Trockenmauern oder zusammen mit dem Sumpffarn (*Thelypteris palustris*) am Teichrand entfalten. In frisch-feuchten Senken fühlen sich die beiden imposanten Arten Straußenfarn (*Matteucia struthiopteris*) und Königsfarn (*Osmunda regalis*) wohl.

WILDGEHÖLZE BEGLEITEN WILDSTAUDEN

Saumartige Wildstaudenrabatten beziehen ihren Reiz häufig von der Grenzlage zwischen Rasen oder Sitzplatz und einem rückwärtig anschließenden und die Staudenpflanzung überragenden Gehölz. Die gartengerechte und differenzierte Verwendung von Wildgehölzen als konsequente Ergänzung der heimischen Wildstauden in Strauchgruppen und Hecken im naturnahen Garten ist nicht Gegenstand dieses Buches. Da aber gerade Kleinsträucher (bis 150 cm Wuchshöhe) und Zwergsträucher (bis 50 cm Wuchshöhe) eine wichtige Rolle als Solitäre innerhalb von Staudenpflanzungen einnehmen können, kommen hier die fruchtbaren Wechselwirkungen zur Sprache: Ein fein verzweigter Strauch kann inmitten kerzig oder breitbuschig wachsender Stauden eine zentrale Rolle als Strukturbildner einnehmen. Besonders im überwiegend laublosen Winterzustand, wenn die meisten Stauden eingezogen haben, wird das Verzweigungsmuster des Strauches ohne verhüllende Blätter gänzlich sichtbar und wirkt zierend. Aber auch die, besonders bei Ginster und Geißklee, große Blütenfülle kann wichtige, die Stauden ergänzende oder komplementäre Farbakzente setzen. Manche Sträucher zieren darüber hinaus durch die bei Stauden seltene, herbstliche Farbenpracht der Beerenfrüchte, wie etwa Heckenkirsche, Berberitze oder Felsenmispeln. Besonders bei beschränktem Platzangebot und für die Verwendung im Vordergrund sind Klein- und Zwergsträucher als solitäre Staudenbegleiter gefragt. Im trocken-sonnigen Bereich bieten sich dazu namentlich die Gattungen Ginster (*Genista*), Geißklee (*Cytisus*) und Zwerggeißklee (*Chamaecytisus*) mit ihrem oft überreichen und leuchtend gelben Blütenflor an. Eine beson-dere Blütenfülle und Leuchtkraft zeigt der in trockenwarmen Regionen Deutschlands, Österreichs und der Schweiz heimische Schwarzwerdende Geißklee (*Cytisus nigricans*). Niederliegende Matten, die besonders auf Mauerkronen gut wirken, bildet der auf sandigen und steinigen Böden wachsende Behaarte Ginster (*Genista pilosa*) sowie der bedornte Deutsche Ginster (*Genista germanica*). Durch eine sommerlich späte, sattgelbe Blüte zeichnet sich der grünzweigige Färber-Ginster (*Genista tinctoria*) aus.

Der Lorbeer-Seidelbast (*Daphne laureola*) ist einer der wenigen, in Mitteleuropa heimischen Kleinsträucher mit immergrünen Blättern.

Zwei Kleinsträucher bis 200 cm Wuchshöhe, die sich durch geringen Platzbedarf, straff aufrechten Wuchs und Trockenverträglichkeit auch gut für die Vorpflanzung trockenheißer Mauern und Hauswände eignen, sind die Strauchwicke (*Hippocrepis emerus*) mit fein gefiederten Blättern und reicher gelber Blüte sowie die Felsenbirne (*Amelanchier ovalis*) mit weißen Blüten, blauschwarzen Früchten und rötlichem Herbstlaub. Besonders kleinwüchsige Wildrosen wie beispielsweise die Essig-Rose (*Rosa gallica*), Raublättrige und Weiche Rose (*Rosa jundzillii* und *mollis*) können hervorragende Solitärwirkungen zeigen. Alle heimischen Wildrosen blühen jährlich nur einmal, zeigen dafür im Herbst leuchtend rote Früchte. Ein prächtiger Zwergstrauch für trockenheiße Mauerkronen ist auch der stark duftende, rosa blühende Rosmarin-Seidelbast (*Daphne cneorum*).

Der Schwarzwerdende Geißklee (*Cytisus nigricans*) setzt mit seinen leuchtend gelben Blüten und dem kugligen Wuchs beeindruckende Solitärakzente in einer Wildstaudenpflanzung.

Für den schattigen Bereich gibt es nur wenige heimische Kleinsträucher. Als duftender Frühjahrsblüher mit lilarosa Blütenschmuck empfiehlt sich der Gemeine Seidelbast (*Daphne mezereum*, alle Seidelbastarten sind stark giftig), die kleinblättrige Alpen-Johannisbeere (*Ribes alpinum*), die Alpen- und Schwarze Heckenkirsche (*Lonicera alpigena* und *nigra*) mit roten bzw. schwarzen Beeren sowie der immergrüne, in der Schweiz und Ost-Österreich heimische Lorbeer-Seidelbast (*Daphne laureola*) mit gelbgrünen Blüten und schwarzen Beeren. Als einzige Wildrose, die auch im tiefen Schatten blühen kann, empfiehlt sich die überdies fast stachellose, in den Alpen, Jura, Schwarzwald, Bayrischem Wald und Erzgebirge heimische Alpen-Hagrose (*Rosa pendulina*).

02

MIT WILDSTAUDEN DEN GARTEN GESTALTEN

PFLANZEN FÜR TROCKENHEIẞE KIESSTANDORTE

STANDORT

Der trockenheiße Kiesstandort eignet sich hervorragend für stark besonnte, rasch austrocknende Standorte im Garten, die im Extremfall zusätzlich in exponierter Hanglage liegen. Eine Kombination mit Sitzplätzen aus Naturstein oder Kies und Trockenmauern oder Felsen kann ausgesprochen reizvoll sein und diesem Gartenraum ein ganz eigenes, südliches Gepräge verleihen.

CHARAKTER

Die Kombination eines kargen, humusarmen, steinigen Bodens mit eher gedrungenen, oft nur polsterförmigen und meist feinblättrigen Stauden mit oft blaugrünen oder weißwolligen Blättern als Anpassung an Trockenheit und Hitze verleiht diesem Standort ein einzigartiges Gepräge. Dieses wird entscheidend verstärkt durch den relativ hohen Blütenreichtum in Bezug auf die vergleichsweise bescheidene Blattmasse. Die Blätter vieler hier beheimateter Wildstauden verschwinden in der Blütezeit fast völlig unter einem Blütenteppich. Diese unerwartete, blütenbunte Üppigkeit, geboren aus der Kargheit des Standortes, kann man als Essenz dieses faszinierenden Lebensraumes bezeichnen. Ein weiterer Pluspunkt ist der geringe Pflegeaufwand, da der nährstoffarme und trockenheiße Standort nur wenige spontan erscheinende Unkräuter aufweist.

BODEN UND LAGE

Der Boden eines trockenheißen Kiesstandortes muss zwingend wenigstens 30 cm dick aus durchlässigem, mineralischem (humusfreiem) Material bestehen. Wird diese Schichtdicke unterschritten, beispielsweise von einer bloßen Mineralmulchung, erscheint der Standort oberflächlich kiesreich, aber das Verhalten der Pflanzen im tiefgründig-humosen Unterboden entspricht überhaupt nicht dem Wesen des Trockenstandortes.

Trockensonnige Lagen sind Voraussetzung für die Entwicklung eines typischen trockenheißen Kiesstandortes. Hanglagen sind, ergänzt durch gliedernde Natursteine oder Trockenmauern, gestalterisch von Vorteil.

ZU BEACHTEN

Ein ansprechend bepflanzter trockenheißer Kiesstandort hat nichts gemein mit pflanzenleeren Schottergärten, die kaum die Bezeichnung gestalteter Garten verdienen. Weist der Garten stark besonnte trockenwarme Bereiche auf, ist die Anlage eines trockenheißen Kiesstandortes im weitesten Sinne prüfenswert. Bei Neubauten kann dann auf die übliche, gleichmäßige Humusierung verzichtet und gegebenenfalls auch Aushubmaterial verwendet werden.
Die, gut eingewachsen, sehr trockenresistente Bepflanzung benötigt zum Einwurzeln in den ersten beiden Jahren eine ausreichende Wasserversorgung, da der Standort rasch vollständig austrocknen kann.

Berg-Lauch

Allium lusitanicum

20–50 cm, rosa, duftend, Juli–September
Narzissengewächse (Amaryllidaceae)

Flache, grasartige, hellgrüne und aufrechte Blätter in grundständiger, dichter Rosette. Die dem Schnittlauch ähnlichen, duftenden lilarosa Blüten erheben sich in dichten Doldenköpfen knapp über das Laub. Diese sind wie bei allen Laucharten essbar. Gelbe Herbstfärbung.

Trockenwiesen, Felsen und Kiefernwälder in Eurasien, in Deutschland nordwärts bis Brandenburg.

Verwendung: Der große Zierwert des Berg-Lauches liegt einerseits in seinen dichten, grasartig filigranen Blattrosetten, andererseits in seiner späten und duftenden Blüte. Ideal für extreme Trockenstandorte oder Balkonkistchen. Wirkt auch gut in größeren Gruppenpflanzungen für den Vordergrund. Kalkreiche Standorte werden bevorzugt, sind im Garten aber nicht Voraussetzung.

Weitere Arten: Der ähnliche, aber etwas üppiger wachsende Schnittlauch (*Allium schoenoprasum*) mit runden, dunkelgrünen Blättern gedeiht auf deutlich (wechsel)feuchteren Standorten.

Gut zu kombinieren: Passt sehr gut zu weiteren Arten extremer Trockenstandorte wie beispielsweise Stein-Nelke, Rundblättrige Glockenblume, Kugelköpfiger Lauch, Gold- und Berg-Aster, Hufeisenklee, Sonnenröschen, Herzblättrige Kugelblume, Felsen-Nelke oder Gipskraut.

Kugelköpfiger Lauch

Allium sphaeraerocephalon

30–80 cm, metallisch karmin- bis purpurrot, Juni–August
Narzissengewächse (Amaryllidaceae)

Zwei bis vier grasartige, halbkreisförmige Blätter mit oberseits weißer Rinne, die zur Blütezeit oft schon eintrocknen. Die Blüten erheben sich in kompakten Kugeln weit über die Blätter und beeindrucken mit ihrer oft metallischen dunkelroten Färbung. Trockenwiesen, sandige Hügel und Felsen, in Deutschland nur in wärmsten Lagen in Rheinland-Pfalz, Mosel-, Main-, Rhein- und Saaletal. Es werden kalkreiche und kalkarme Standorte besiedelt.

Verwendung: Der Kugelköpfige Lauch überrascht mit seinen aparten Kugelblüten zu Zeiten hochsommerlicher Trockenheit und Blütenflaute. Auf extremen Trockenstandorten überragt er locker die niedrigen Polsterstauden und kann deshalb auch in dichteren Gruppen gepflanzt werden. Essbar.

Weitere Arten: Die ähnlichen, aber nur selten angebotenen Arten Schlangen-Lauch (*Allium scorodoprasum*) und Kugliger Lauch (*Allium rotundum*) bevorzugen etwas weniger extreme, lehmreichere Trockenstandorte.

Gut zu kombinieren: Passt sehr gut zu weiteren Arten extremer Trockenstandorte wie beispielsweise Stein-Nelke, Feld-Thymian, Mauerpfeffer, Rundblättrige Glockenblume, Berg-Lauch, Gold- und Berg-Aster, Hufeisenklee, Sonnenröschen, Herzblättrige Kugelblume, Felsen-Nelke oder Gipskraut.

Ästige Graslilie

Anthericum ramosum

30–60 cm, weiß, Juni–August
Spargelgewächse (Asparagaceae)

Dünne, grasartige, aufrechte Blätter in grundständiger Rosette. Darüber erheben sich schlanke, fein verästelte Blütenzweige. Die Seitenzweige tragen zahlreiche, sternförmig sechsteilige Blüten, diese sind 2,5 cm breit. Kugelige Fruchtkapseln, gelbe Herbstfärbung. Trockenwiesen, lichte Wälder und Felshänge. In ganz Deutschland verbreitet mit Ausnahme von Nordrhein-Westfalen und dem westlichen Niedersachsen.

Verwendung: Die über die ganze Saison sichtbare, filigran grasartige Gestalt, die Anspruchslosigkeit und Robustheit und die mit der Zeit gute Versamung, ohne jedoch lästig zu werden, machen die Graslilie zu einem Juwel trockenheißer Kiesstandorte und Mauerkronen. Sie wirkt in Einzel- und Gruppenpflanzung dekorativ. Kalkreiche Standorte werden bevorzugt, sind im Garten aber nicht Voraussetzung.

Weitere Arten: Die ähnliche Astlose Graslilie (*Anthericum liliago*) mit unverzweigtem Blütenstand und weniger, dafür größeren Blütensternen kann analog auf sauren bis kalkreichen Standorten verwendet werden.

Gut zu kombinieren: Passt sehr gut zu beispielsweise Stein-Nelke, Berg-Lauch, Rundblättriger Glockenblume, Kugelköpfigem Lauch, Gold- und Berg-Aster, Hufeisenklee, Gemeiner Kuhschelle und Frühlings-Fingerkraut.

Gold-Aster | Goldschopf-Aster

Aster linosyris

30–50 cm, gelb, August–Oktober
Asterngewächse/Körbchenblütler (Asteraceae)

Schmale, linealische Blätter umgeben die straff aufrecht wachsenden Stängel. Die leuchtend gelben, schmalen Blüten sitzen in einer verzweigten Doldentraube über dem Laub. Kalkreiche Trockenwiesen, Felshänge, lichte Kiefern- und Flaumeichenwälder. Fehlt in Deutschland, in trockenwarmen Lagen der Schweiz und im Wiener Becken verbreitet.

Verwendung: Die Gold-Aster trägt ihre attraktiv goldgelb leuchtenden Blüten als letzter Spätblüher im trockensonnigen Garten. Durch die schlanke Gestalt gut geeignet zur Kombination mit niederen Arten.

Weitere Arten: Die ähnliche und ebenfalls spätblühende, aber breiter wachsende und auch in Süd- und Mitteldeutschland verbreitete Berg-Aster (*Aster amellus*) unterscheidet sich durch etwas breitere Blätter und lila Zungenblüten in Kontrast zu den gelben Röhrenblüten.

Gut zu kombinieren: Passt sehr gut zu weiteren Arten der Trockenstandorte wie beispielsweise Karthäuser-Nelke, Gold-Aster, Blutroter Storchenschnabel, Rundblättrige Glockenblume, Wundklee, Natternkopf und Ochsenauge.

Sichelblättriges Hasenohr

Bupleurum falcatum

20–90 cm, gelb, Juli–September
Doldenblütler (Apiaceae)

Schmale, elliptische Blätter von blaugrüner Farbe erinnern in ihrer Form an ein Hasenohr, zeigen auffällig parallele Blattnerven und sind meist sichelförmig gebogen. Die zitronen- bis sattgelben kleinen Blütendolden scheinen über dem straff aufrechten Laub zu schweben. Trockenwiesen, Kiefern- und Flaumeichenwälder, in Deutschland in kalkreichen Mittelgebirgen nordwärts bis Bonn und Harzvorland.

Verwendung: Das Sichelblättrige Hasenohr beeindruckt durch die Kombination des straffen, blaugrünen Laubes mit zierlichen gelben Blüten, die das spätsommerlich schmale Angebot an Blüten wirkungsvoll belebt.

Weitere Arten: Alle Hasenohren zeigen gelbe Blütendolden über parallelnervigen Blättern. Das Hahnenfuß-Hasenohr (*Bupleurum raunculoides*) aus den Kalkalpen ist niedriger mit grasartigen schmalen Blättern, das Langblättrige Hasenohr (*Bupleurum longifolium*, Seite 98) für den lichten Schatten ist hochwüchsiger und großblättriger.

Gut zu kombinieren: Besonders wirkungsvoll in Nachbarschaft von spätblühenden blauen oder violetten Wildstauden trockener Standorte wie Ähriger Ehrenpreis. Passt sehr gut zu weiteren Arten der Trockenstandorte, insbesondere zu spätblühenden Arten wie Berg- und Gold-Aster, Berg-Lauch und Rosmarinblättriges Weidenröschen.

Weidenblatt-Rindsauge | Ochsenauge

Buphthalmum salicifolium

20–50 cm, gelb, Juni–September
Asterngewächse/Körbchenblütler (Asteraceae)

Schmale, lanzettliche Blätter säumen den starr aufrechten, behaarten Stängel. Dieser trägt eine einzelne, große und satt maisgelbe Korbblüte. Sowohl die inneren Röhren als auch die äußeren Zungenblüten sind gelb. Die zitronen- bis sattgelben kleinen Blütendolden scheinen über dem straff aufrechten Laub zu schweben. Trockenwiesen, lichte Wälder. In Deutschland allein auf der Schwäbischen Alb und den Kalkgebieten Bayerns. Es werden kalk- und tonreiche Standorte besiedelt.

Verwendung: Die attraktiven, großen Blüten mit oft langer, sommerlicher Blütezeit, der aufrechte Wuchs und die Anspruchslosigkeit machen das Ochsenauge zu einem idealen Partner fast aller Wildstauden trockenwarmer Standorte im naturnahen Garten. Die Wirkung ist sowohl als Einzelpflanzung als auch in größeren Gruppen gut.

Weitere Arten: Sehr ähnlich und fast nur durch die deutlich schmäleren Zungenblüten zu unterscheiden ist der Weiden-Alant (*Inula salicina*), der auch auf wechselfeuchten, schweren Tonböden gut gedeiht.

Gut zu kombinieren: Passt sehr gut zu fast allen Arten der Trockenstandorte, insbesondere Blutroter Storchenschnabel, Ährige Graslilie, Karthäuser-Nelke, Rundblättrige Glockenblume, Kugelköpfiger Lauch und viele weitere.

Rundblättrige Glockenblume

Campanula rotundifolia

10–40 cm, violettblau, Mai–September
Glockenblumengewächse (Campanulaceae)

Ein selten unglücklicher Name für eine wunderschöne Staude: Extrem schmale, linealische Blätter zieren die Pflanze, wenn sie blüht und auffällt. Die namengebenden runden Blätter gibt es zwar beim Austrieb an der Stielbasis, sie sind zur Blütezeit aber meist bereits verdorrt. Zahlreiche Glockenblüten schmücken während einer langen Blütezeit die oft halbkuglige, filigran wirkende Pflanze. Trockenwiesen, Weiden, Hangschutt, Felsspalten und lichte Wälder. Es werden trockene und oft tonreiche Standorte in ganz Deutschland besiedelt.

Verwendung: Die ausgesprochen filigrane Gestalt, reicher und lang anhaltender Blütenschmuck und Anspruchslosigkeit machen die Rundblättrige Glockenblume zu einer hervorragenden Wildstaude, deren Vitalität nur durch Schneckenfraß beeinträchtigt werden kann. Heilpflanze mit blutstillender und entzündungshemmender Wirkung.

Weitere Arten: Noch zierlicher und niedrige Teppiche bildend ist die Zwerg-Glockenblume (*Campanula cochleriifolia,* Seite 118) mit blassblauen Blütchen, während die meisten anderen heimischen Glockenblumen eine straff aufrechte, oft kerzenartige Gestalt zeigen.

Gut zu kombinieren: Passt sehr gut zu fast allen Arten der Trockenstandorte, insbesondere Rindsauge, Hufeisenklee, Blutroter Storchenschnabel, Purpur-Klee, Ährige Graslilie, Stein-Nelke, Berg-Kronwicke und Kugelköpfiger Lauch.

Karthäuser-Nelke

Dianthus carthusianorum

10–40 cm, purpurrosa, Juni–September
Nelkengewächse (Caryophyllaceae)

Die häufigste der heimischen Nelken mit grasartig linealischen, blaugrünen Blättern und einem mehrköpfigen Blütenstand, der von braunhäutigen Hochblättern umgeben ist. Die purpurrosa Blüten sind im Gegensatz zu den meisten anderen heimischen Nelken duftlos. Trockenwiesen, Weiden, Felsen und lichte Wälder. Gedeiht auf trockenen, lockeren Böden mit oder ohne Kalk in ganz Deutschland mit Ausnahme des Nordwestens.

Verwendung: Die straff aufrechte Gestalt, Vielblütigkeit mit kräftiger Farbe, oft lange Blütezeit und Robustheit machen die Karthäuser-Nelke zu einer guten Wildstaude.

Weitere Arten: Nur einblütig rosa erblühend, aber stark duftend zeigen sich Stein-, Pracht- und Grenobler-Nelke (*Dianthus sylvestris,* Seite 118, *D. superbus,* Seite 86, und *gratianopolitanus*) für humusarme, steinige Trockenstandorte.

Gut zu kombinieren: Passt sehr gut zu fast allen Arten der Trockenstandorte, insbesondere Ährige Graslilie, Rundblättrige Glockenblume, Ochsenauge, Wundklee, Blutroter Storchenschnabel, Blauer Lattich und Berg-Kronwicke.

Blutroter Storchschnabel | Blut-Storchenschnabel

Geranium sanguineum

30–50 cm, purpurrosa, Mai–Juli
Storchschnabelgewächse (Geraniaceae)

Die halbkugligen Blattpolster mit stark fiederteiligen Blättern wirken auch ohne den Schmuck der großen, leuchtend purpurrosa bis magenta Blüten sehr zierend. Im Herbst färben sich die Blätter namengebend blutrot. Trockene, felsige Orte und lichte, warme Wälder und Waldsäume. Gedeiht auf trockenen, lockeren, meist kalkreichen Böden in ganz Deutschland, mit Ausnahme des Nordwestens.

Verwendung: Der bis tief in den Herbst zierende Blattschmuck, leuchtende Blüten im Frühsommer und Robustheit machen den Blutroten Storchenschnabel zu einer ausgesprochen wertvollen Wildstaude, die sich auch sehr gut für pflegearme Gruppenpflanzungen im Vorder- und Mittelgrund eignet.

Weitere Arten: Als einziger heimischer Storchschnabel für trockenwarme Standorte gibt es keine vergleichbaren Arten derselben Gattung in der Flora Mitteleuropas.

Gut zu kombinieren: Passt sehr gut zu fast allen Arten der Trockenstandorte und trockenen Säume, insbesondere Rindsauge, Diptam, Straußblütige Margerite, Blauer Lattich, Purpur-Klee, Berg-Laserkraut, Berg-Kronwicke und Edel-Gamander.

Gemeines Sonnenröschen

Helianthemum nummularium

10–40 cm, gelb, Mai–August
Zistrosengewächse (Cistaceae)

Das am Grunde verholzende Halbsträuchlein bildet mit kleinen, langovalen Blättchen niederwüchsig Blattteppiche, die auf extrem trockenheißen Standorten wie Mauerkronen oder Flachdächer sehr kompakt wachsen. Ab Mai erscheinen täglich neue, kleine, leuchtend gelbe Blütensönnchen. Der Name passt also bezüglich des Standortes und der Blütenform. Trockenwiesen und trockenwarme Säume, auf lockeren trockenwarmen, kalkreichen bis kalkarmen Böden. In Deutschland bevorzugt in kalkreichen Mittelgebirgen, fehlt im Nordwesten.

Verwendung: Das niedrigwüchsige und anspruchslose Sonnenröschen eignet sich sehr gut für den Vordergrund einer Staudenbepflanzung oder für Lücken zwischen höheren Stauden. Seine ganze Blütenfülle entfaltet es nur in voller Sonne und humusarmem Untergrund. Heilpflanze in der Bachblütentherapie.

Weitere Arten: Sehr ähnlich ist das in Deutschland nur am Kaiserstuhl, im Rhein-, Donau- und Saaletal auftretende Gemeine Nadelröschen (*Fumana procumbens*).

Gut zu kombinieren: Passt ausgesprochen gut zu fast allen Arten der Trockenstandorte und trockenen Säume, insbesondere Rotes Seifenkraut, Rundblättrige Glockenblume, Ähriger Ehrenpreis, Stein- und Karthäuser-Nelke, Blauer Lattich und Berg-Laserkraut.

Schopfiger Hufeisenklee | Gemeiner Hufeisenklee

Hippocrepis comosa

5–20 cm, gelb, duftend, Mai–Juni
Schmetterlingsblütler/Bohnengewächse (Fabaceae)

Den schönsten Anblick bietet der Hufeisenklee, wenn seine zart fiederblättrigen Triebe, geschmückt mit einer Fülle würzig duftender, sattgelber Blüten, sich über eine Mauerkrone ausbreiten können. Besiedelt lockere, kalkreiche, oft felsige Böden auf Trockenrasen und in Felsspalten. Erreicht nordwärts die kalkreichen deutschen Mittelgebirge.

Verwendung: Mauerkronen oder Balkonkistchen bieten dem Schauspiel der sich über den Rand ergießenden Blätter und Blüten des Hufeisenklees die beste Bühne. Er eignet sich prinzipiell für Vordergrundbepflanzungen und Wegränder. Wertvolle Raupenfutterpflanze, insbesondere für mehrere Bläulingsarten.

Weitere Arten: Die beiden ebenfalls gelb blühenden kleeartigen Verwandten Gemeiner Wundklee (*Anthyllis vulneraria*) und Hornklee (*Lotus corniculatus*) zeigen einen mehr aufrechten Wuchs.

Gut zu kombinieren: Passt als Vordergrund gut zu fast allen Arten der Trockenstandorte, insbesondere Rotes Seifenkraut, Feld-Thymian, Gemeine Küchenschelle, Rundblättrige Glockenblume, Ähriger Ehrenpreis, Stein- und Karthäuser-Nelke und Purpur-Klee.

Blauer Lattich

Lactuca perennis

20–70 cm, lilablau, Mai–Juni
Asterngewächse/Körbchenblütler (Asteraceae)

Fiederteilig gezähntes, blaugrünes Laub sorgt auch vor und nach der Blüte für einen attraktiven Anblick. Die frühsommerlichen, lilablauen Körbchenblüten erscheinen jeden Morgen neu und schließen sich am Nachmittag. Der Blaue Lattich besiedelt kalkreiche, meist felsige Böden in trockenwarmen Lagen und erreicht nordwärts in Deutschland punktuell Nahe-, Moseltal und Harz-Vorland.

Verwendung: Trockenmauern, Kiesplätze oder Balkonkistchen lassen den Blauen Lattich am besten zur Geltung kommen. Er kann solitär oder in Kleingruppen verwendet werden.

Weitere Arten: Als einzige heimische Wildlattichart mit blauen Blüten und attraktivem Laub ist der blaue Lattich in Mitteleuropa einzigartig.

Gut zu kombinieren: Passt gut zu fast allen Arten der Trockenstandorte, insbesondere Hufeisenklee, Wundklee, Rotes Seifenkraut, Feld-Thymian, Rundblättrige Glockenblume, Purpur-Klee, Rindsauge, Berg-Laserkraut, Ähriger Ehrenpreis und Stein- und Karthäuser-Nelke.

Berg-Laserkraut

Laserpitium siler

50–150 cm, weiß, aromatisches Laub, Juni–August
Doldenblütler (Apiaceae)

Blaugrüne, aromatisch duftende Fiederblätter formen sich zu einem dekorativen, breit ausladenden Blattkranz. Darüber erheben sich an straff aufrechten Stängeln handbreite, schneeweiße Blüten. Die trockenen Fruchtstände bleiben bis in den Winter dekorativ. Das Berg-Laserkraut wächst an trockensteinigen Hängen und kalkreichen Felsen der Kalkalpen und des Juras und gedeiht in Deutschland auch in den Isarauen und auf der Schwäbischen Alb.

Verwendung: Als ausgesprochen dekorativer, langsamwüchsiger Solitär für Mauerkronen, vor Hausmauern und als Hintergrund für kiesige, kalkreiche Trockenstandorte zu empfehlen. Heilpflanze und Früchte früher als Gewürz mit bitter-kümmelartigem Geschmack verwendet.

Weitere Arten: Sehr ähnlich, aber mit ovalen Teilblättern präsentiert sich das Breitblättrige Laserkraut (*Laserpitium latifolium*), in allen Teilen zierlicher als das Berg-Laserkraut ist der Berg-Heilwurz (*Seseli libanotis,* Seite 121).

Gut zu kombinieren: Passt als ausgesprochener Solitär gut zu fast allen Arten der Trockenstandorte, insbesondere Purpur-Klee, Blauer Lattich, Blutroter Storchenschnabel, Kugelköpfiger Lauch, Berg-Kronwicke, Rindsauge, Sichelblättriges Hasenohr und Stein- und Karthäuser-Nelke.

Dornige Hauhechel

Ononis spinosa

30–60 cm, rosa, Juni–August
Schmetterlingsblütler/Bohnengewächse (Fabaceae)

Die halbstrauchigen, am Ende bedornten Zweige der Dornigen Hauhechel bauen eine Halbkugel mit dreizähligen, langovalen und gezähnten Blättern auf. Diese schmückt sich im Frühsommer mit großen rosa Schmetterlingsblüten. Die Hauhechel besiedelt trockene, kalkreiche Böden an Wegrändern in Trockenrasen und auf Magerweiden und gedeiht in ganz Deutschland.

Verwendung: Als ausgesprochen dekorativ blühender, langsamwüchsiger Solitär für trockene Lagen zu empfehlen. Die Wurzel wird als harntreibende Heilpflanze verwendet.

Weitere Arten: Sehr ähnlich, aber in allen Teilen kleiner, armblütiger und dornenlos ist die Kriechende Hauhechel (*Ononis repens*).

Gut zu kombinieren: Passt als ausgesprochener Solitär gut zu fast allen Arten der Trockenstandorte, insbesondere zu blau blühenden wie Natterkopf, Knäuelblütige und Rundblättrige Glockenblume, Blauer Lattich und Ochsenzunge oder zu gelb blühenden wie Königskerzen und Rindsauge.

Gemeine Küchenschelle | Kuhschelle

Pulsatilla vulgaris

10–30 cm, violett, duftend, giftig, März–April
Hahnenfußgewächse (Ranunculaceae)

Noch vor den Blättern entfalten sich die großen, außen samtig behaarten violetten, leicht duftenden Blüten in wirkungsvollem Kontrast zu den gelben Staubgefäßen. Erst danach erscheinen die fein zerteilten, silberhaarigen Blätter, später überragt von den lang silberhaarigen Fruchtständen. Die Gemeine Kuhschelle wächst auf trockenen, kalkreichen und steinigen Rasen und in lichten Kiefernwäldern, in Deutschland nordwärts bis Niedersachsen und Rügen.

Verwendung: Einer der ganz wenigen Frühblüher der Trockenstandorte. In Kombination mit der Eleganz der Blüten wie auch der attraktiven Blätter und Früchte ist die Gemeine Küchenschelle im trockenwarmen Garten fast unverzichtbar. Wichtige Heilpflanze mit unterschiedlichen Wirkungen in der Homöopathie.

Weitere Arten: In sandigen, kalkarmen Magerrasen und Dünen Nordostdeutschlands ist die dunkelblütige Wiesen-Küchenschelle (*Pulsatilla pratensis*) beheimatet.

Gut zu kombinieren: Passt als wertvoller Frühblüher gut zu fast allen Arten der Trockenstandorte, insbesondere Hufeisenklee, Wundklee, Purpur-Klee, Blutroter Storchenschnabel, Ästige Graslilie, Ochsenauge, Sichelblättriges Hasenohr, Rundblättrige Glockenblume, Katzenminze, Ähriger Ehrenpreis und Gold-Aster.

Rotes Seifenkraut

Saponaria ocymoides

10–30 cm, leuchtend rosa, Mai–August
Nelkengewächse (Caryophyllaceae)

Kleine ovale Blättchen formen dichte, niedrige Blattpolster, die auch von Felsen, Mauerkronen oder Töpfen herunterhängen können. Im Frühsommer schmücken sich die Polster mit einer Vielzahl leuchtend rosaroter Blüten. In warmen felsigen Lagen über kalkreichen Gesteinen der Schweiz und Österreichs verbreitet, wächst das Rote Seifenkraut in Deutschland wild nur in den Südlichen Kalkalpen.

Verwendung: Hervorragender Polsterbildner für den trockenheißen Vordergrund, ideal für Mauerkronen, Balkonkistchen und Töpfe.

Weitere Arten: Eine niedrige polsterbildende, heimische Wildstaude mit intensiv rosa gefärbtem, reichem Blütenschmuck ist der in den Kalkalpen und im Jura häufige, in Deutschland nicht wild vorkommende Leberbalsam (*Erinus alpinus*, Seite 119).

Gut zu kombinieren: Passt als Polsterpflanze gut zu fast allen Arten der Trockenstandorte, lässt sich für überhängende Situationen gut mit Hufeisenklee, Herzblättriger Kugelblume und Feld-Thymian sowie in wirkungsvollem Kontrast zu aufrecht wachsenden Arten kombinieren.

Purpur-Klee

Trifolium rubens

20–60 cm, purpurrot, duftend, Juni–Juli
Schmetterlingsblütler/Bohnengewächse (Fabaceae)

Lang ovale Blätter mit einer silberweißen Behaarung formen eine attraktiv aussehende Halbkugel. Aus dieser sprießen walzenförmige, purpurrote, duftende Blüten, die außen zottig silbern behaart sind. Der Purpur-Klee gedeiht auf trockenwarmen, kalkreichen oder kalkarmen buschigen Hängen und Waldsäumen. Außerhalb der Schwäbischen Alb und dem Maintal kommt der Purpur-Klee in Deutschland nur selten vor, nordwärts punktuell bis zur Mosel und dem Harzvorland.

Verwendung: Die silberweiß behaarten, attraktiven Blätter und Blüten machen den Purpur-Klee zum wohl attraktivsten Vertreter seiner Gattung für den naturnahen Garten.

Weitere Arten: Kleiner und mit kugligen Blüten zeigen sich die ebenfalls rosa bis purpurrot blühenden und auf trockenwarmen Standorten wachsenden Arten Hügel- und Mittlerer Klee (*Trifolium alpestre* und *medium*).

Gut zu kombinieren: Dank guter Solitär- und Kleingruppenwirkung mit fast allen Arten der Trockenstandorte zu benachbarn, beispielsweise Rindsauge, Gemeine Küchenschelle, Berg-Laserkraut, Ähriger Ehrenpreis, Sichelblättriges Hasenohr, Herzgespann oder Blutroter Storchenschnabel.

Ähriger Ehrenpreis

Veronica spicata

10–35 cm, tiefblau, Juli–September
Wegerichgewächse (Plantaginaceae)

Die bogig aufsteigenden Zweige tragen lanzettliche, feingezähnte Blätter. Erst im Hochsommer erheben sich daraus die tiefblauen, dichten Blütenähren. Der Ährige Ehrenpreis gedeiht auf trockenen, meist kalkarmen, steinigen oder sandigen Böden an Wegrändern in Trockenrasen, Felsensteppen oder Dünen, in Deutschland vorwiegend im Nordosten, Main- und Donautal beheimatet.

Verwendung: Ein sehr dekorativer und filigran wirkender, niedriger Spätsommerblüher für humusarme Trockenstandorte.

Weitere Arten: Größer und in Nasswiesen großer Stromtäler, insbesondere von Elbe, Oder und Donau, beheimatet ist der Langblättrige Ehrenpreis (*Veronica longifolia*, Seite 131).

Gut zu kombinieren: Passt als niedriger Spätsommerblüher gut zu fast allen Arten der Trockenstandorte, insbesondere Ästige Graslilie, Hufeisenklee, Wundklee, Purpur-Klee, Sonnenröschen, Sichelblättriges Hasenohr, Gold-Aster und Rotes Seifenkraut.

PFLANZEN FÜR EXTENSIVE DACHBEGRÜNUNG

STANDORT

Der im Hochsommer stark aufgeheizte, extrem flachgründige und austrocknende, trockenheiße Standort aus Kies, Blähton oder Kalksplitt stellt einen Extremfall des trockenheißen Kiesstandortes dar. Bei dünner Substratauflage vermögen nur Sukkulente wie Mauerpfeffer, Hauswurz und der genügsame Feld-Thymian zu überleben, bei etwas tiefgründigem Dachsubstrat (über 15 cm Schichtdicke) kommen zusätzliche, ausgesprochen trockenresistente Wildstauden infrage.

CHARAKTER

Meist dominieren die wenigen, überlebensfähigen Arten das Bild extensiver Dachbegrünungen, häufig ist die sommerliche Blütenkombination mit dem leuchtend gelben Flor des Scharfen Mauerpfeffers (*Sedum acre*) und dem lilarosa Feld-Thymian (*Thymus serpyllum*) zu beobachten, die sich mit wenigen, dürreresistenten Moosarten abwechseln. Alle Wildstauden der extensiven Dachbegrünung weisen entweder fleischig-sukkulente oder kleine und häufig stark behaarte Blätter sowie einen polsterförmigen Wuchs als deutliche Anpassungen an den Extremstandort auf.

Erlaubt die Dachkonstruktion zumindest punktuell eine stärkere Substratauflage, können entsprechende Stellen arten- und abwechslungsreicher bepflanzt werden und gleichen dann zunehmend extremeren Varianten des trockenheißen Kiesstandortes.

BODEN UND LAGE

Der Boden einer extensiven Dachbegrünung ermöglicht ab einer Schichtdicke von 7 cm aus Kies, Blähton oder Splitt die Pflanzung von Mauerpfeffer, Hauswurz und Feld-Thymian. Erreicht die Substratschicht 15 cm und mehr, wird das Potenzial für die Pflanzung extrem trockenheitsverträglicher Wildstaudenarten rasch größer. Die Gestaltung inselartiger, flacher Hügel (entsprechende Tragfähigkeit des Daches vorausgesetzt) kann das oft monotone Bild extensiver Dachbegrünung entscheidend aufwerten.

ZU BEACHTEN

Die erwähnte Substratdicke ist entscheidend für das Potenzial der verwendbaren Wildstauden. Ab 15 cm Schichthöhe sind weitere Wildstauden möglich. Die, gut eingewachsen, sehr trockenresistente Bepflanzung benötigt zum Einwurzeln in den ersten beiden Jahren eine ausreichende Wasserversorgung, da der Standort rasch vollständig austrocknen kann.

Herzblättrige Kugelblume

Globularia cordifolia

3–10 cm, lilablau, Mai–Juni
Wegerichgewächse (Plantaginaceae)

Wintergrüne herzförmige Blättchen schmiegen sich als dichter Teppich dem felsigen Untergrund an. Auf kurzen Stielen erheben sich Ende Mai zahlreiche blass lilablaue, namengebende Blütenkugeln. Die Herzblättrige Kugelblume wächst ausschließlich in Kalkfelsspalten und -schutt. In den Kalkalpen und im Jura weit verbreitet, besiedelt sie in Deutschland zusätzlich die Kiesauen von Isar und Lech.

Verwendung: Die zierliche wie robuste Art kann sowohl für extensive Dachbegrünungen als auch für alle anderen kalkreichen Trockenstandorte als niederwüchsiger Vordergrund bestens verwendet werden und imponiert mit ihren wintergrünen, dem Boden angeschmiegten Blattpolstern.

Weitere Arten: Längere Blätter in einer grundständigen Rosette und beblätterte höhere Blütenstiele zeigt die Gemeine Kugelblume (*Globularia bisnagarica*) in kalkreichen Magerwiesen.

Gut zu kombinieren: Dank sehr kompaktem Wuchs als Vordergrund gut kombinierbar mit allen Arten kalkreicher Trockenstandorte wie beispielsweise Gemeine Küchenschelle, Blauer Lattich, Berg-Kronwicke, Sichelblättriges Hasenohr, Gold-Aster oder Ästige Graslilie.

Kriechendes Gipskraut

Gypsophila repens

10–25 cm, rosaweiß, Mai–August
Nelkengewächse (Caryophyllaceae)

Linealische, auffällig blaugrün bereifte Blättchen bilden ein dichtes, halbrundes Polster. Ab Ende Mai überzieht sich dieses mit einer großen Zahl weißer oder blassrosa Blütchensterne, die wirkungsvoll mit dem Laub kontrastieren. Das Kriechende Gipskraut besiedelt Kalkfelsen, -schutt und Flusskies und ist sogar namengebend in der Lage, auf reinem Gipsfels zu wachsen. In den gesamten Kalkalpen häufig, werden in Deutschland die Flusstäler von Lech und Isar besiedelt. Isoliert kommt das Gipskraut auch im Kyffhäuser vor.

Verwendung: Die Kombination von Zierlichkeit und Robustheit empfiehlt das Kriechende Gipskraut für alle extremen und kalkreichen Trockenstandorte für den Vordergrund wie auch für größere Gruppenpflanzungen im Mittelgrund.

Weitere Arten: Ähnlichen Wuchs, Blüten und Standortansprüche zeigt die Steinbrech-Felsennelke (*Petrorhagia saxifraga*).

Gut zu kombinieren: Kann entweder mit ähnlich kompakten Polsterstauden wie Herzblättrige Kugelblume, Feld-Thymian, Berg-Gamander, Sonnenröschen kombiniert werden oder kontrastierend mit höherwüchsigen Arten wie beispielsweise Blauer Lattich, Rindsauge, Berg-Laserkraut, Knäuelblütige Glockenblume oder Kugelköpfiger Lauch.

Scharfer Mauerpfeffer

Sedum acre

3–15 cm, gelb, Juni–Juli
Dickblattgewächse (Crassulaceae)

Halbeiförmige, ledrige, satt hellgrüne Blättchen bilden lockere Teppiche mit zahlreichen Ausläufern. Im Sommer leuchten daraus unzählige, lebhaft gelbe Blütensternchen. Der Scharfe Mauerpfeffer gedeiht als ausgesprochener Rohbodenpionier auf allen trockenen Böden von Felsgrus bis zu Magerwiesen in ganz Deutschland.

Verwendung: Die extrem trockenheitsverträgliche Art ist die robusteste und damit wichtigste Art für extensive Dachbegrünungen, gedeiht aber auch auf allen anderen Trockenstandorten und an Wegrändern als niederwüchsiger Vordergrund hervorragend. Die scharf schmeckenden Blätter sind essbar.

Weitere Arten: Mehrere, sehr ähnliche gelb blühende Mauerpfeffer-Arten sowie der Weiße Mauerpfeffer (*Sedum album*), der mit seinen walzenförmigen Blättchen und weißen Blüten den Scharfen Mauerpfeffer in extensiven Dachbegrünungen wirkungsvoll kontrastieren kann.

Gut zu kombinieren: Dank niederem Wuchs und ausgeprägten Pioniereigenschaften gut kombinierbar mit allen Arten der Trockenstandorte, beispielsweise Gemeine Küchenschelle, Gipskraut, Berg-Lauch, Herzblättrige Kugelblume, Karthäuser-Nelke oder Ähriger Ehrenpreis.

Dach-Hauswurz

Sempervivum tectorum

10–60 cm, altrosa, Juli–August
Dickblattgewächse (Crassulaceae)

Die dickledrigen, zugespitzten Blätter bilden eine große, unverwechselbar kuglige Rosette. Die straff aufrechten, dickfleischigen und beblätterten Blütenstiele tragen große, sternförmige Blüten von altrosa bis zu trüb hellroter Farbe. Die Dach-Hauswurz gedeiht auf sehr trockenen Felsen und Mauern in der Schweiz und Österreich recht häufig, in Deutschland findet man sie nur in den Allgäuer Alpen und im Moseltal.

Verwendung: Sowohl mit der Blattrosette als auch den dickfleischigen Blütenstängeln bildet die Dach-Hauswurz die eindrücklichste heimische Sukkulente und kann auf Mauerkronen, Dachvorsprüngen oder auch in Töpfen mit den Jahren eine eindrückliche Solitärwirkung entfalten. Als traditioneller Schutz vor Blitzschlägen wird sie auch gern auf Dächer gepflanzt.

Weitere Arten: Etwas kleiner sind die beiden in Deutschland fehlenden, in den Alpen aber häufigen Arten Berg-Hauswurz (*Sempervivum montanum*) und Spinnweb-Hauswurz (*Sempervivum arachnoideum*) mit auffällig weißfilzig behaarten Blättern.

Gut zu kombinieren: Passt gut zu anderen Arten extremer Trockenstandorte wie beispielsweise Gipskraut, Berg-Lauch, Herzblättrige Kugelblume, Rindsauge, Karthäuser-Nelke oder Ähriger Ehrenpreis.

Berg-Gamander

Teucrium montanum

10–25 cm, blassgelb, aromatisches Laub, Juni–August
Lippenblütler (Lamiaceae)

Die linealischen, oft aromatischen, dunkel- bis graugrünen Blättchen sind unterseits dicht weiß filzig behaart und bilden ein flaches, oft kreisrundes Polster. Im Frühsommer schmückt sich dieses mit vielen kopfig gehäuften, blassgelben Lippenblüten. Der Kriechende Gamander ist auf trockenwarmen, meist kalkreichen Felsen und Schutt zuhause. In den Kalkalpen, Jura und Schwäbischer Alb weit verbreitet, erreicht er in Deutschland nordwärts auch das Ahr- und Saaletal.

Verwendung: Im Vordergrund von Kiesflächen und auf Mauerkronen können sich die oft kreisrunden Polster am wirkungsvollsten entfalten. Nur auf extrem durchlässigem Substrat entwickeln sie ihre charakteristische Wuchsform. Heilpflanze bei Magen- und Gallenbeschwerden mit starken Nebenwirkungen.

Weitere Arten: Aufsteigende, wintergrüne Triebe mit rosa Blüten zeichnen den Edel-Gamander (*Teucrium chamaedrys,* Seite 103) aus.

Gut zu kombinieren: Die Nachbarschaft zu ähnlich kompakten Polsterstauden wie Herzblättrige Kugelblume, Feld-Thymian, Kriechendes Gipskraut kann reizvoll sein, ebenso der Kontrast mit höherwüchsigen Arten wie beispielsweise Blutroter Storchenschnabel, Karthäuser- und Stein-Nelke, Ästige Graslilie oder Blauer Lattich.

Feld-Thymian

Thymus serpyllum

3–25 cm, lilarosa, aromatisches Laub, Mai–August
Lippenblütler (Lamiaceae)

Unzählige winzige, ovale oder linealische Blättchen bilden dichte, oft kriechende Blattpolster, die bei Berührung einen würzigen Duft verströmen. Ab dem Frühsommer erhebt sich daraus eine Vielzahl aufrechter Blütenstände mit blass rosalila Blütchen. Der Feld-Thymian bildet eine Artengruppe mit mehreren Klein- oder Unterarten, die sich in einzelnen Merkmalen wie Behaarung, Blattform oder Duft unterscheiden können. Der Feld-Thymian gedeiht auf kalkarmen und -reichen Magerwiesen, Sandrasen, Schutthängen und Felsen in ganz Deutschland.

Verwendung: Die extrem trockenheitsverträgliche Art eignet sich gleichermaßen für extensive Dachbegrünungen als auch für alle anderen Trockenstandorte als niederwüchsiger Vordergrund hervorragend und kann zudem als robuste Gewürzpflanze dienen. Wichtige Heilpflanze mit magenstärkenden und entzündungshemmenden Eigenschaften.

Weitere Arten: Die stets niederwüchsige, teppichbildende Artengruppe des Feld-Thymians weist zahlreiche, schwer unterscheidbare Klein- und Unterarten auf. Der nur bedingt winterharte, aufrechte und verholzende Gewürz-Thymian (*Thymus vulgaris*) kommt wild allein in Südeuropa und nordwärts bis in die Südalpen vor.

Gut zu kombinieren: Dank niederem Wuchs als Vordergrund gut kombinierbar mit allen Arten der Trockenstandorte, ähnliche Arten mit ausgeprägtem Polsterwuchs sind Mauerpfeffer, Hufeisenklee, Herzblättrige Kugelblume.

PFLANZEN FÜR TROCKENSONNIGE, NÄHRSTOFFREICHE RUDERALFLÄCHEN

STANDORT

Die trockensonnige Ruderalfläche verfügt im Gegensatz zum rein mineralischen trockenheißen Kiesstandort über ausreichende Nährstoffe im Boden, die das schnelle Wachstum großwüchsiger Stauden erlauben. Diese Nährstoffe können natürliche Humusanreicherungen sein, stammen jedoch meist aus künstlichen Schutt-, Mist- und Kompostdeponien oder von Viehlagern. Deshalb erscheinen Ruderalflächen oft nur kleinflächig und häufig temporär am Rande von Feldern, Wegen und Plätzen vorzugsweise in trockensonnigen Hanglagen.

CHARAKTER

Die Kombination von trockensonniger Lage und Nährstoffreichtum ermöglicht das Wachstum hochwüchsiger, oft nur zweijähriger oder kurzlebiger Wildstauden wie Königskerzen, Steinklee, Natternkopf, Esels- und Mariendistel oder Löwenschwanz. Die häufige Dominanz kurzlebiger Arten verleiht dem Ruderalstandort eine außergewöhnliche Dynamik, die sich auch an entsprechenden Standorten im Garten zeigt und vom begleitenden Gärtner ein hohes Maß an Toleranz für dynamische Prozesse wie auch ein gutes Auge für notwendige Eingriffe verlangt. Die Übergänge zum trockenheißen Kiesstandort können fließend sein, wie das häufige Vorkommen des Gemeinen Natternkopfs (*Echium vulgare*) in beiden Lebensräumen zeigt.

BODEN UND LAGE

Der Boden einer Ruderalfläche ist einerseits trockenwarm und durchlässig, oft steinig-kiesig, weist andererseits durch Schuttgehalt, alte Mist-, Kompostablagerungen oder Tierdung einen relativ hohen Nährstoffgehalt auf. Die stets vollsonnige Lage kann eben sein, wird aber durch Hanglagen, beispielsweise den Fuß einer Trockenmauer oder einer Strauchhecke, zusätzlich akzentuiert.

Im Gegensatz zum humusarmen trockenheißen Kiesstandort ist der Kalkgehalt des Bodens für die Wildstauden der Ruderalfläche unerheblich, denn mit den Nährstoffen sind in der Regel auch genügend Basen vorhanden sind.

ZU BEACHTEN

Die nährstoffbedingt hohe Dynamik mit einer häufigen Dominanz zweijähriger und kurzlebiger Stauden/Kräuter verlangt viel gärtnerische Aufmerksamkeit, da sich dadurch das Erscheinungsbild einer Ruderalfläche von Jahr zu Jahr ändert. Stark versamende Arten gilt es zugunsten langsam wachsender, aber erwünschter Arten zurückzunehmen.

Echte Ochsenzunge

Anchusa officinalis

30–100 cm, blauviolett, Mai–August
Raublattgewächse (Boraginaceae)

Ganzrandige, lanzettliche und rauhaarige Blätter umgeben den oft verzweigten, aufrechten Stängel. End- und seitenständige Blüten zeigen intensiv blauviolette Kronen über rötlichen, behaarten Kelchen. Die Echte Ochsenzunge besiedelt unbeständig Wegränder und Schuttplätze und ist vorwiegend im Nordosten Deutschlands, lokal im Rhein-Maingebiet und Mittelfranken beheimatet.

Verwendung: Als attraktiv blühender Solitär oder in Kleingruppen ist die eher kurzlebige Echte Ochsenzunge für trockenwarme Staudenrabatten, Ruderalflächen oder Wegränder gut geeignet. Früher Heilpflanze, wegen Nebenwirkungen nicht mehr genutzt, alte Färberpflanze.

Weitere Arten: Die vorwiegend südeuropäisch verbreitete Italienische Ochsenzunge (*Anchusa azurea*) zeigt tief azurblaue Blüten.

Gut zu kombinieren: Die attraktiven Blüten machen die Echte Ochsenzunge zu einem guten Partner für zahlreiche Wildstauden trockenwarmer Standorte wie beispielsweise Blutroter Storchenschnabel, Rindsauge, Dornige Hauhechel, Ästige Graslilie, Katzenminze, Herzgespann oder Purpur-Klee.

Färber-Hundskamille

Anthemis tinctoria

20–60 cm, leuchtend gelb, Juni–August
Asterngewächse/Körbchenblütler (Asteraceae)

Fiederschnittige und gezähnte, graufilzige und leicht aromatische Blätter umgeben den aufrechten, oben oft verzweigten Stängel. Endständig entfalten sich die großen, leuchtend gelben Körbchenblüten mit gleichfarbigen Röhren- und randlichen Zungenblüten. Die meist kurzlebige Färber-Hundskamille wächst auf Brachflächen, an Acker- und Wegrändern und ist oft Bestandteil von Einsaaten auf Buntbrachen. Sie kommt in ganz Deutschland vor mit Schwerpunkten in warmtrockenen Mittelgebirgslagen.

Verwendung: Die leuchtend gelben Blüten wirken vor allem in Gruppenpflanzungen gut, die sich mit anderen mittel- und hochwüchsigen Wildstauden trockenwarmer Standorte gut kombinieren lassen. Färberpflanze für gelbe Farbtöne.

Weitere Arten: Ähnliche Wirkung und Ansprüche hat der Rainfarn (*Tanacetum vulgare*) mit zahlreicheren, aber kleineren Blüten in doldigen Rispen.

Gut zu kombinieren: Guter Partner mittel- und hochwüchsiger Wildstauden trockenwarmer Standorte wie etwa Natternkopf, Wegwarte, Herzgespann, Dornige Hauhechel, Gemeiner Beifuß, Eselsdistel oder Echte Ochsenzunge.

Schwarznessel

Ballota nigra

30–120 cm, blassrosa, Juni–August
Lippenblütler (Lamiaceae)

Die nesselartig dunklen, stark runzeligen und gezähnten Blätter mit strengem Geruch haben der Pflanze ihren Namen eingetragen. Im Sommer schmückt sich die dicht belaubte Schwarznessel mit blassrosa Blütenquirlen. Besiedelt werden Wegränder und trockene Kies- und Brachflächen in ganz Deutschland.

Verwendung: Die Schwarznessel eignet sich mit ihrem dichten, buschigen Wuchs hervorragend für Gruppenpflanzungen an Säumen vor Hecken oder in Grenzlagen auf trockenen, nährstoffreichen Böden. Alte Heilpflanze mit beruhigenden Wirkungen.

Weitere Arten: Ähnlich, aber weniger buschig, dafür mit größeren rosa Einzelblüten sind Alpen- und Deutscher Ziest (*Stachys alpina*, Seite 102, und *S. germanica*).

Gut zu kombinieren: Guter Partner sind starkwüchsige Wildstauden trocken-warmer Standorte wie beispielsweise Königskerzen, Färberwaid, Herzgespann, Eselsdistel, Echter Steinklee, Wegwarte oder Echte Ochsenzunge.

Wegwarte | Zichorie

Cichorium intybus

20–120 cm, hellblau, Juli–September
Asterngewächse/Körbchenblütler (Asteraceae)

Die unteren Blätter sind meist fiederteilig mit einem großen Endabschnitt, die entlang des aufrechten Stängels sitzenden Blätter lanzettlich. Im Hochsommer erblühen jeden Morgen neue, intensiv hellblaue Köpfe aus Zungenblüten, die im Lauf des Tages verblassend verblühen. Die Wegwarte gedeiht namengebend an Wegrändern und auf Brachflächen und ist im gesamten Deutschland häufig.

Verwendung: Kann als zweijähriger oder kurzlebiger Solitär oder in Gruppen verwendet werden. Versamt sich an zusagenden Stellen sehr gut und kann dann für starke Dynamik sorgen. Die gerösteten Wurzeln ergeben einen früher verbreiteten Kaffeeersatz (Zichorie).

Weitere Arten: Sehr ähnlich ist der ursprünglich mediterrane Endiviensalat (*Cichorium endivia*), eine gewisse Ähnlichkeit besteht zum Blauen Lattich (siehe Seite 68).

Gut zu kombinieren: Guter Partner sind starkwüchsige Wildstauden trocken-warmer Standorte mit kontrastierend gelben, rosa oder weißen Blüten wie beispielsweise Sigmarskraut, Königskerzen, Färberwaid, Strauß-Margerite, Herzgespann oder Echter Steinklee.

Gemeiner Natternkopf

Echium vulgare

30–150 cm, azurblau, Mai–Oktober
Raublattgewächse (Boraginaceae)

Die schmal lanzettlichen Blätter sind steif borstenhaarig und gruppieren sich zylindrisch um den aufrechten, oft am Grunde verzweigten Stängel. Im Sommer erblühen über einen langen Zeitraum hinweg täglich neue, azurblaue Blüten mit weit hervorragenden, oft rötlichen Staubblättern, die seitlich einem aufgerissenen Schlangenmaul ähneln, was dem Natterkopf seinen Namen gegeben hat. Der Natterkopf wächst auf meist kiesreichen Trockenstandorten und Ruderalflächen und ist an entsprechenden Stellen in ganz Deutschland häufig.

Verwendung: Kann als attraktiv und lang blühender zweijähriger Solitär oder in Gruppen verwendet werden. Versamt sich an zusagenden Stellen sehr gut und sorgt dann für die typische Dynamik zweijähriger Arten. Nektarreiche Blüten und wichtige Futterpflanze für zahlreiche Insekten.

Weitere Arten: Keine vergleichbaren Arten in der heimischen Flora, allerdings verwandte Arten im Balkan.

Gut zu kombinieren: Guter Partner sind Wildstauden trockenwarmer Standorte mit kontrastierend gelben oder rosa Blüten wie beispielsweise Königskerzen, Färber-Kamille, Färberwaid, Echter Steinklee, Rindsauge oder Dornige Hauhechel.

Färberwaid

Isatis tinctoria

30–120 cm, gelb, duftend, Mai–Juni
Kreuzblütler (Brassicaceae)

Schmal ovale, blaugrüne Blätter säumen den aufrechten, zuoberst meist verzweigten, ebenfalls blaugrünen Stängel. Ab Mai erblühen in breit ausladenden Rispen die leuchtend gelben, duftenden Blüten, die sich später in hängende, mattschwarze Früchte verwandeln. Der Färberwaid wächst auf oft steinigen Trockenstandorten, Rebbergen und Ruderalflächen nur an den wärmsten Stellen Deutschlands und ist auf die Tallagen von Rhein-Main, Neckar, Donau, Saale und Elbe beschränkt.

Verwendung: Attraktiv blühender zweijähriger Solitär mit schönem Kontrast von blaugrünem Laub und gelben Blüten, denen zierende schwarze Früchte folgen. Versamt sich an zusagenden Stellen gut und sorgt dann für die typische Dynamik zweijähriger Arten. Früher wichtige Färberpflanze, die als Indigoersatz der Stadt Erfurt zeitweise ein hohes Einkommen brachte.

Weitere Arten: Keine vergleichbaren Arten in der heimischen Flora, allerdings verwandte Arten im Mittelmeerraum.

Gut zu kombinieren: Gut kombinierbar mit niedrigeren Wildstauden im Vordergrund wie beispielsweise Blutroter Storchenschnabel, Blauer Lauch, Dornige Hauhechel, Knäuelblütige Glockenblume, Edel-Gamander oder Rundblättrige Glockenblume.

Echtes Herzgespann | Löwenschweif

Leonurus cardiaca

30–120 cm, altrosa, Juni–August
Lippenblütler (Lamiaceae)

Ein säuliger Stängel trägt lang gestielte, spitz gezähnte und gelappte Blätter. Die altrosa bis weißlichen, zottig behaarten Blüten gruppieren sich in Quirlen um den Stängel. Das Herzgespann findet sich zerstreut an Wegrändern, Schuttplätzen und an Hausmauern in warmen Lagen, vor allem im Osten Deutschlands.

Verwendung: Attraktiv säuliger Solitär oder für Kleingruppen im Mittel- und Hintergrund. Alte namengebende Heilpflanze (Herzmedizin).

Weitere Arten: Die buschigere Schwarznessel (Seite 78) sowie der Alpen-Ziest (Seite 102) besitzen eine gewisse Ähnlichkeit, aber nicht die schlanke Säulenwirkung des Herzgespanns.

Gut zu kombinieren: Gut kombinierbar mit ebenfalls säulig wirkenden Arten wie Nesselblättrige Glockenblume, Königskerzen oder gegenteilig mit niedrigeren Gruppenpflanzungen des Vordergrundes wie beispielsweise Bergminze, Blutroter Storchenschnabel, Dornige Hauhechel oder Rindsauge.

Echter Steinklee

Melilotus officinalis

30–120 cm, gelb, duftend, Juni–August
Schmetterlingsblütler/Bohnengewächse (Fabaceae)

Straff aufrechte, verzweigte Stängel sind mit lang gestielten, dreiteiligen und gezähnten Blättern begrünt. Die gelben, süß duftenden Blütentrauben weisen 30–70 hängende Einzelblüten auf. Der Echte Steinklee kann an Wegrändern, auf Schuttplätzen oder Kiesgruben große Bestände bilden, er ist in ganz Deutschland häufig.

Verwendung: In Kleingruppen im Mittel- und Hintergrund zu pflanzen, wo er besonders gut mit blauem Natterkopf korrespondiert. Die zweijährig bis kurzlebige Art kann sich stark versamen. Heilpflanze mit mehrfachen Wirkungen.

Weitere Arten: Der fast gleich aussehende Hohe Steinklee (*Melilotus altissimus*) bevorzugt feuchtere Stellen, der weiß blühende Weiße Steinklee (*Melilotus albus*) kommt oft gemeinsam mit dem Echten Steinklee vor.

Gut zu kombinieren: Besonders schön wirkt die auf Ruderalflächen häufig spontan vorkommende Kombination mit dem blau blühenden Natterkopf. Braucht als Begleiter stark wüchsige Arten wie Schwarznessel, Herzgespann, Berg-Laserkraut oder Eselsdistel.

Eselsdistel

Onopordum acanthium

50–300 cm, purpurrosa, Juli–September
Asterngewächse/Körbchenblütler (Asteraceae)

Breit verzweigte, stachlige und graufilzige Stängel bauen eine eindrückliche Großstaude auf – mit fiederteilig stachlig gezähnten graugrünen Blättern. Aus kuglig-stachligen, artischockenartigen Blütenböden entwickeln sich die großen, kräftig purpurrosa gefärbten Blütenköpfe. Die Eselsdistel findet sich zerstreut an Wegrändern und auf Schuttplätzen in trockenwarmen Lagen und kommt in Deutschland nur punktuell vor, mit Schwerpunkten in Sachsen, Mittelfranken und Rheinhessen.

Verwendung: Die zweijährige Eselsdistel kann als eindrücklicher Solitär und größte heimische Wildstaude als gezielter Blickfang verwendet werden. Der fleischige, artischockenartige Blütenboden ist essbar.

Weitere Arten: Ähnlich und etwas kleiner mit weiß marmorierten, glänzenden Blättern ist die Mariendistel (*Silybum marianum*).

Gut zu kombinieren: Die Eselsdistel ist beliebig kombinierbar, da sie die Szene im zweiten Standjahr mit ihrer Blüte in jedem Fall beherrscht, im Folgejahr an der Stelle aber verschwunden bzw. versamt sein wird.

Großblütige Königskerze | Wollkraut

Verbascum densiflorum

50–200 cm, gelb, Juni–September
Braunwurzgewächse (Scrophulariaceae)

Breite, grau- oder weißfilzig weiche Blätter bilden im ersten Jahr eine grundständige Rosette, aus der sich im zweiten Jahr der beblätterte, kerzenartige Blütenstand schiebt. Die großen gelben Blüten stehen gehäuft um den unverzweigten Stängel. Die Großblütige Königskerze gedeiht gerne auf steinig-kiesigen Ruderalflächen und gedeiht unregelmäßig verbreitet in ganz Deutschland mit Häufungen in den trockenwarmen Regionen.

Verwendung: Die Großblütige Königskerze zeichnet mit ihrer unverwechselbaren Säulengestalt für eine hervorragende Solitär- und Gruppenwirkung im Hintergrund, wobei die hohe Dynamik der zweijährigen Art zu beobachten ist. Wird als schleimlösendes Heilmittel bei Erkältungen verwendet.

Weitere Arten: Sehr ähnlich sind die Kleinblütige Königskerze (*Verbascum thapsus*) sowie in der gärtnerischen Verwendung sieben weitere heimische Arten der Königskerzen.

Gut zu kombinieren: Die schlanken Königskerzen sind mit fast allen anderen Pflanzen genügender Größe der trockenwarmen Standorte gut kombinierbar.

PFLANZEN FÜR SONNIG-HUMOSE STAUDENRABATTEN

ZU BEACHTEN

Das Spektrum der hier gedeihenden Arten ist sehr groß, da auch viele Wildstauden anderer Lebensräume in der humosen Rabatte gut gedeihen. Gelungene Kombinationen enthalten einerseits das ganze Spektrum von Früh- bis Spätblühern mit einigen wintergrünen Arten, andererseits sorgen gleichzeitig blühende, in Blütenfarbe und Blattstrukturen kontrastierende Arten für ein lebendiges Bild. Pflanzen trockensonniger Standorte wie etwa Wiesen-Salbei oder Edel-Gamander gedeihen in der humosen Rabatte zwar besser als auf humusarmen Standorten, verlieren aber ihre typische Form, Standfestigkeit und sind anfälliger für Schneckenfraß und Krankheiten.

STANDORT

Die sonnig-humose Staudenrabatte entspricht schlicht einem „normalen“, das heißt humusreichen, sonnigen Gartenbeet und unterscheidet sich dadurch deutlich vom humusarmen, steinig-kiesig-sandigen Trockenstandort. Übergänge zur Ruderalfläche sind möglich. Von dieser grenzt sich die sonnig-humose Staudenrabatte durch die klare Dominanz mehrjähriger, ausdauernder Wildstauden ab, im Gegensatz zur hohen Dynamik mit kurzlebigen Arten, die die Ruderalfläche auszeichnet. Die sonnig-humose Staudenrabatte existiert in der Natur in dieser Form nicht, weshalb die geeigneten Arten aus verschiedenen Lebensräumen wie trockensonnigem bis halbschattigem Saum, Wiesen oder lichten Wäldern stammen.

CHARAKTER

Der humusreiche, tiefgründige Boden erlaubt eine üppige und optimale Entwicklung zahlreicher Wildstauden, entsprechend „blumige“ Gartenbilder dürfen erwartet werden. Die richtige Kombination der geeigneten Stauden zu finden, kann anspruchsvoller sein als auf den humusarmen Trockenstandorten, da das rasche Wachstum in der humosen Rabatte gerne für erhöhte Konkurrenz sorgt. Daher ist es sinnvoll, schwächer wüchsige und niedrige Arten mit Bedacht außerhalb der Reichweite der größeren und raschwüchsigen Stauden zu platzieren.

BODEN UND LAGE

Die Lage kann eben oder geneigt sein, steilere Lagen schließen sich wegen der Erosionsanfälligkeit des Humus meist aus oder müssen terrassiert werden. Der Kalkgehalt des Bodens spielt meist eine untergeordnete Rolle, da in der Regel genügend Nährstoffe zur Verfügung stehen. Schwere tonreiche Böden neigen zur Wechselfeuchte und sind nicht von allen Arten gleich gut zu besiedeln.

Trockensonnige Lagen können dagegen Übergänge zum trockenheißen Kiesstandort zeigen. Viele Pflanzen des halbschattigen Saumes mit einer breiten Toleranz in puncto Belichtung können ebenfalls in die sonnig-humose Staudenrabatte integriert werden.

Kleiner Odermennig

Agrimonia eupatoria

30–100 cm, gelb, Juni–August
Rosengewächse (Rosaceae)

Straff aufrechte Stängel tragen gefiederte und gezähnte Blätter, die unterseits grau behaart sind. Entlang des Stängels erblühen sitzende, gelbe Blütensternchen, die sich zu hakenborstigen Klettenfrüchtchen wandeln. Der Kleine Odermennig wächst in Hecken- und Waldsäumen, auf trockenen Wiesen, an Wegrändern und kommt in ganz Deutschland häufig vor.

Verwendung: Die kerzenartig schlanke Gestalt kommt am besten in Gruppenpflanzung zur Geltung. Diese wirkt bei Mittel- oder Hintergrundpflanzung durch die Vielzahl leuchtend gelber Blüten auch auf Entfernung gut. Außerhalb der Blütezeit ist das gefiederte Laub attraktiv. Traditionelle Heil- und Färberpflanze.

Weitere Arten: Sehr ähnlich, auch in der Wuchshöhe, und schwierig unterscheidbar ist der seltenere Große Odermennig (*Agrimonia procera*).

Gut zu kombinieren: Der Kleine Odermennig kann einerseits mit kerzenartigen Arten wie der Nesselblättrigen und Acker-Glockenblume benachbart werden, andererseits mit kontrastierenden und niedrigeren Stauden wie beispielsweise Blutroter Storchenschnabel, Esparsette, Alpen-Ziest, Knäuelblütige Glockenblume, Mandelblättrige Wolfsmilch oder Stinkende Nieswurz.

Großes Windröschen

Anemone sylvestris

20–40 cm, weiß, April–Mai
Hahnenfußgewächse (Ranunculaceae)

Die handförmig, drei- oder fünfteiligen, frischgrünen Blätter formen eine dichte Halbkugel. Ende April oder Anfang Mai erhebt sich daraus eine Vielzahl, großer weißer Schalenblüten, die sich zu silbrig-wollhaarigen Fruchtknäueln entwickeln. Das Große Windröschen besiedelt selten trockenwarme Hügel und Eichenwaldsäume und kommt zerstreut im Rhein-, Saale- und Odertal sowie in Franken vor.

Verwendung: Attraktives Laub, Blüten und Früchte machen das Große Windröschen zu einer attraktiven Wildstaude für Gruppenpflanzungen im Vordergrund der trockenen Staudenrabatte.

Weitere Arten: Das verwandte kleinerblütige Busch-Windröschen (*Anemone nemorosa*, Seite 110) besiedelt einen völlig anderen Lebensraum, frischen Schatten im Laubwald.

Gut zu kombinieren: Das Große Windröschen passt gut zu beispielsweise Blutrotem Storchenschnabel, Kleinem Odermennig, Sigmarskraut, allen Glockenblumen, Wiesen-Schlüsselblume, Gemeiner Küchenschelle und Rotem Seifenkraut.

Große Sterndolde

Astrantia major

30–90 cm, weiß bis rosa, Mai–Juli
Doldenblütler (Apiaceae)

Die handförmig, fünf- bis siebenteiligen, glänzend grünen Blätter formen eine dichte Halbkugel. Ab Ende Mai werden die Blätter von schneeweißen Döldchen überragt, die von sternförmigen Hochblättern (Hüllchen) eingefasst sind und sich im Abblühen rosa färben. Die Große Sterndolde kommt an frischen Waldrändern, Hochstaudenfluren und in Bergwiesen vor und gedeiht in Deutschland am Alpenrand, auf der Schwäbischen Alb und Frankenalb, in Thüringen und Südost-Sachsen.

Verwendung: Ausgesprochen attraktives Laub und Blüten geben der Großen Sterndolde einen Ehrenplatz in der Staudenrabatte, die allerdings eine gewisse Bodenfrische mit Lehmgehalt aufweisen muss, damit sich diese Art darin wohlfühlen kann. Alte Heilpflanze bei Magen- und Atemwegserkrankungen.

Weitere Arten: Ein wenig zierlicher ist die Bayrische Sterndolde (*Astrantia bavarica*). In Kärnten und Slowenien beheimatet ist die Krainer-Sterndolde (*Astrantia carniolica*), die in der karminroten Unterart ssp. *rubra* gerne in Gärten verwendet wird.

Gut zu kombinieren: Mit Partnern, die sich auch auf frischeren Böden wohl fühlen, wie beispielsweise Sibirische Schwertlilie, Nesselblättrige Glockenblume, Langblättriges Hasenohr, Alpen-Ziest, Gewöhnliche Akelei, Wald-Schlüsselblume oder Fingerhut.

Nesselblättrige Glockenblume

Campanula trachelium

40–100 cm, violettblau, Juni–August
Glockenblumengewächse (Campanulaceae)

Steifhaarige, straff aufrechte Stängel tragen herzförmig-lanzettliche, ebenfalls borstig-haarige Blätter, die in Textur und Aussehen namengebend den Blättern der Brennnessel ähneln. Die großen blauvioletten, steifhaarigen Blüten stehen meist einseitswendig in einer Reihe am Stängel. Die Nesselblättrige Glockenblume wächst an Wald- und Heckensäumen und in lichten Wäldern. Sie ist in ganz Deutschland mit Ausnahme des Emslandes verbreitet.

Verwendung: Die schlanke Kerzenform, attraktive Blüten, Robustheit und dank Behaarung Unempfindlichkeit gegenüber Schneckenfraß geben der Nesselblättrigen Glockenblume einen wichtigen Platz in der Staudenrabatte, wo sie sich auf trockenen wie frischen Böden wohlfühlt.

Weitere Arten: Sehr ähnlich und gut verwendbar sind Acker-Glockenblume (*Campanula rapunculoides*) und die anspruchsvollere, mehr Bodenfrische benötigende großblumige Breitblättrige Glockenblume (*Campanula latifolia*).

Gut zu kombinieren: Kann zu weiteren kerzigen oder straff aufrechten Arten wie Kleiner Odermennig, Königskerzen, Fingerhut, Straußblütige Margerite, Klebriger Salbei gesellt werden oder kontrastierend hinter niederwüchsigere Arten wie beispielsweise Alpen-Ziest, Gewöhnliche Akelei, Immenblatt oder Großes Windröschen.

Berg-Flockenblume

Centaurea montana

20–60 cm, äußere Blüten blau, innere rotviolett, Juni–August
Körbchenblütler (Asteraceae)

Ganzrandige, ovale und auffällig graufilzige Blätter, die untersten Blätter selten auch gezähnt bis fiederteilig. Die auffällig gefärbten Blüten mit blauen Außenblüten und rotvioletten Innenblüten sitzen meist einköpfig auf den oft nur niedrigen Stängeln. Die Berg-Flockenblume wächst in kalkreichen Bergwäldern und auf Bergwiesen und besiedelt die Alpen und kalkreiche Mittelgebirge. Häufig, wie beispielsweise in Hamburg, auch nur aus Pflanzungen verwildert.

Verwendung: Wegen ihrer hübschen und lang anhaltenen Blüten in Kombination mit Robustheit und Anspruchslosigkeit wird die Berg-Flockenblume auch im klassischen Staudensortiment stets angeboten. Gedeiht und blüht in fast allen nicht feuchten Gartenbereichen.

Weitere Arten: Sehr ähnlich ist die weißfilzig beblätterte, in den Südalpen und in Deutschland ausschließlich in der Isaraue bei München beheimatete Filz-Flockenblume (*Centaurea triumfettii*).

Gut zu kombinieren: Passt gut zu sehr vielen Arten, etwa Katzenminze, Malven, Straußblütige Margerite, Nieswurz, Glockenblumen, Storchschnabel, Kleiner Wiesenraute, Fingerhut oder Berg-Laserkraut.

Skabiosen-Flockenblume

Centaurea scabiosa

30–120 cm, purpur, Juni–September
Körbchenblütler (Asteraceae)

Fiederteilige große Blätter gruppieren sich pyramidal um den aufrechten Stängel. Darüber thronen die großen purpurroten, einzeln stehenden Blütenkörbchen. Die Skabiosen-Flockenblume besiedelt Magerwiesen und trockene Säume und gedeiht in ganz Deutschland mit Ausnahme des seenahen Nordwestens.

Verwendung: Hübsches Laub und Blüten zeichnen die robuste Skabiosen-Flockenblume aus. Ihre Fähigkeit, nach einem Rückschnitt rasch zu remontieren und wieder zu blühen, ist ein weiterer Pluspunkt. Kann gut sowohl als wirkungsvoller Solitär als auch in Gruppen im Mittel- und Hintergrund eingesetzt werden.

Weitere Arten: Niedriger mit ungeteilten Blüten sind Wiesen-Flockenblume (*Centaurea jacea*, Seite 92) und die blauviolett blühende Berg-Flockenblume (*Centaurea montana*).

Gut zu kombinieren: Passt gut zu beispielsweise Fingerhut, Echtem Labkraut, Wiesen-Salbei, Klebrigem Salbei, Glockenblumen, Kleiner Wiesenraute, Rindsauge, Katzenminze oder Berg-Laserkraut.

Pracht-Nelke

Dianthus superbus

30–60 cm, lila- bis purpurrosa, Juni–September
Nelkengewächse (Caryophyllaceae)

Grasartige Blätter bauen eine grundständige Rosette auf. An schlanken, gelegentlich verzweigten Stängeln sitzen die großen, intensiv duftenden, fransig zerschlitzten lila- bis purpurrosa Blüten. Die Pracht-Nelke wächst auf trockenen oder wechselfeuchten Wiesen, Weiden, die spätblühende Unterart ssp. *alpestris* auf Felshängen. Ihre zerstreuten Vorkommen in Deutschland sind ostwärts einer Linie Rhein-Weser-Lübeck zu finden, mit einem Vorposten in der Eifel.

Verwendung: Der Name Pracht-Nelke ist für die elegant gefransten und köstlich duftenden Blüten voll gerechtfertigt. Eignet sich für Gruppenpflanzungen, speziell auch auf tonreichen, wechselfeuchten Böden. Zeigt sich im Garten nicht überall willig und ist auf den wenigen zusagenden Standorten oft nur kurzlebig.

Weitere Arten: Die verwandten Stein-, Pfingst- und Sand-Nelken (*Dianthus sylvestris*, Seite 118, *D. gratianopolitanus* und *arenarius*) bevorzugen deutlich trockenere, steinigere Standorte.

Gut zu kombinieren: Passt gut zu weiteren Arten wechselfeuchter Standorte wie beispielsweise Wundklee, Sibirische Schwertlilie, Weiden-Alant, Wohlriechender Lauch, Echter Wiesenknopf, Teufelsabbiss oder Färber-Scharte.

Großblütiger Fingerhut

Digitalis grandiflora

50–100 cm, gelb, stark giftig, Juni–Juli
Wegerichgewächse (Plantaginaceae)

Breite lanzettliche, fein gezähnte Blätter bauen eine sternförmige, dem Boden aufliegende Rosette auf. Aus dieser schiebt sich der unverzweigte, straff aufrechte, beblätterte Stängel mit großen, nickenden gelben Röhrenblüten in einseitswendiger Traube. Die Innenseite der Blüten ist auffällig braun getupft. Der Großblütige Fingerhut besiedelt lichte Wälder, Buschsäume, Schutthänge und Bergwiesen auf meist kalkreichen Böden. In Deutschland erreicht er nordwärts Ahrtal, Sauerland, Südliches Niedersachsen, Elbtal und Oberlausitz, isoliert auch den Spreewald.

Verwendung: Die kerzengleichen Blütenstände wirken ausgezeichnet in Gruppenpflanzungen, aber auch die Blattrosetten zeigen einen hohen Zierwert. In der Homöopathie als Herzheilmittel verwendet.

Weitere Arten: Der Gelbe Fingerhut (*Digitalis lutea*) zeigt kleinere, dafür zahlreiche blassgelbe Blüten, der zweijährige Rote Fingerhut (*Digitalis purpurea*) bevorzugt saure Böden.

Gut zu kombinieren: Gesellt sich passend zu weiteren Saumarten wie beispielsweise Immenblatt, Brauner- und Blutroter Storchschnabel, Alpen-Ziest, Bergminze, Pfirsichblättrige Glockenblume oder Skabiosen-Flockenblume.

Wasserdost

Eupatorium cannabinum

50–200 cm, altrosa, Juli–September
Körbchenblütler (Asteraceae)

Die mit drei bis fünf unregelmäßig gezähnten Abschnitten handförmig geteilten Blätter haben eine namengebende Ähnlichkeit zum Hanf. Die breitbuschig wachsende Staude schmückt sich im Spätsommer mit einer Fülle rispig-doldiger, altrosa Blüten, die in dieser blütenarmen Zeit als wahre Insektenmagnete dienen. Der Wasserdost besiedelt gerne schwere Lehmböden auf frisch-feuchten Säumen, Ufern und Waldschlägen. In ganz Deutschland verbreitet und häufig.

Verwendung: Der wertvolle Spätblüher entfaltet eine gute, raumgreifende Solitärwirkung und wächst im Garten auch auf trockenhumosen Stellen. Gut eingewachsene Pflanzen können stark versamen.

Weitere Arten: Ähnliche Blüten über nierenförmigen Blättern zeigen Grauer und Kahler Alpendost (*Adenostyles alliariae* und *alpina*) aus dem Schwarzwald, Jura und den Alpen.

Gut zu kombinieren: Starkwüchsige Partner sind Klebriger Salbei, Straußblütige Margerite, Nesselblättrige Glockenblume, Brauner Storchschnabel und Mondviole.

Kleines Mädesüß | Knolliger Geißbart

Filipendula vulgaris

30–80 cm, weiß, duftend, Mai–Juli
Rosengewächse (Rosaceae)

Eine sternförmige Rosette mit fein gefiederten und gezähnten, dunkelgrünen Blättern wird vom verzweigten Stängeln überragt. Diese tragen eine luftige Fülle kleiner, milchweißer Sternblüten mit namengebend süßem Duft. Das Kleine Mädesüß gedeiht gerne auf sandreichen Magerwiesen, Säumen und in lichten Wäldern. Seine unregelmäßigen Vorkommen erreichen in Deutschland nordwestwärts das Ahrtal, Hannover und die Insel Fehmarn.

Verwendung: Hübsche Vorder- und Mittelgrundpflanze, die auch wegen ihrer attraktiven Blattrosetten am besten in Kleingruppen wirkt. Wildgemüse und alte Heilpflanze mit mehreren Wirkungen.

Weitere Arten: Das viel häufigere Echte Mädesüß (*Filipendula ulmaria,* Seite 124) ist größer, wüchsiger und besiedelt frische bis feuchte Standorte.

Gut zu kombinieren: Das Kleine Mädesüß eignet sich zur Benachbarung von beispielsweise Wiesen-Salbei, Echtem Labkraut, Skabiosen-Flockenblume, Karthäuser-Nelke, Knäuelblütiger Glockenblume oder Blutrotem Storchschnabel.

Sigmarskraut | Spitzblatt-Malve, Rosen-Malve

Malva alcea

50–100 cm, rosa, Juli–August
Malvengewächse (Malvaceae)

Ein aufrechter und verzweigter Stängel trägt tief handförmig geteilte Blätter mit drei bis sieben Abschnitten. Die großen, leicht seidig-glänzenden, rosa Blüten sitzen einzeln in den Blattachseln. Das Sigmarskraut besiedelt kalk- und nährstoffreiche Böden in Weinbergen, an Wegrändern und auf Schuttplätzen in ganz Deutschland mit Ausnahme des seenahen Nordwestens.

Verwendung: Hübsche Solitär- und Kleingruppenpflanze mit attraktivem Laub und spätem Flor. Im Gegensatz zu vielen anderen Ruderalpflanzen relativ langlebig. Schleimlösende Heilpflanze.

Weitere Arten: Die Moschus-Malve (*Malva moschata*) hat stärker fiederteilige Blätter, die Wilde Malve (*Malva sylvestris*) dunklere, karminviolette Blüten.

Gut zu kombinieren: Bewährte Partner sind Fingerhüte, Glockenblumen, Mandelblättrige Wolfsmilch, Brauner Storchschnabel, Klebriger Salbei, Diptam, Katzenminze und Herzgespann.

Echte Katzenminze

Nepeta cataria

50–100 cm, cremeweiß oder hellrosa, Laub aromatisch, Juli–August
Lippenblütler (Lamiaceae)

Straff aufrechte Stängel tragen dreieckige, grauhaarige, grob gezähnte und runzlige Blätter, die bei Reibung einen melisseartigen Duft abgeben. Die behaarten, cremeweißen oder hellrosa Blüten sitzen quirlig gehäuft an den Stängelenden. Die Echte Katzenminze findet sich vereinzelt an Wegrändern und auf Schuttplätzen in trockenwarmen Lagen und kommt in Deutschland nur sehr zerstreut vor, mit Schwerpunkten in Berlin, Dresden, Rhein- und Saaletal.

Verwendung: Attraktiv säuliger Solitär oder für Kleingruppen im Mittel- und Hintergrund. Alte Heilpflanze mit Nebenwirkungen, das ätherische Öl der Pflanze wird auch als Insekten-Repellent verwendet.

Weitere Arten: Kleine und Kahle Katzenminze (*Nepeta nepetella* und *nuda*) aus den Südwestalpen und Osteuropa sind ähnlich und stark aromatisch, etwas kleiner ist der Gemeine Andorn (*Marrubium vulgare*).

Gut zu kombinieren: Gut kombinierbar mit ebenfalls säulig wirkenden Arten wie Odermennig, Nesselblättrige und Acker-Glockenblume sowie Königskerzen oder mit niedrigeren Gruppenpflanzungen des Vordergrundes wie beispielsweise Blutroter Storchenschnabel, Mandelblättrige Wolfsmilch oder Dornige Hauhechel.

Blaue Himmelsleiter

Polemonium caeruleum

30–100 cm, violettblau, duftend, Juni–Juli
Sperrkrautgewächse (Polemoniaceae)

Ein Rosette unpaarig gefiederter und ganzrandiger Blätter sitzt dicht auf dem Boden. Der nur wenig verzweigte und beblätterte, aufrechte Stängel trägt eine drüsenhaarige, lockere Blütenrispe. Die ausgebreiteten, tief violettblauen und honigduftenden Blütenkronen werden wirkungsvoll kontrastiert von den orangegelben Staubgefäßen. Besiedelt frische, tiefgründige Böden, gerne in luftfeuchter Lage, in Hecken, Waldrändern und Hochstaudenfluren. In Deutschland vorwiegend in montanen Lagen im Alpenvorland, auf Schwäbischer und Frankenalb, im Frankenwald vorkommend sowie isoliert im Westerwald und Brandenburg. In weiteren Regionen verwildert.

Verwendung: Hübsche Solitär- und Kleingruppenpflanze mit attraktivem Laub und Blüte. In trockenen Tieflandgärten leider oft nur kurzlebig.

Weitere Arten: Der einzige Vertreter der vorwiegend nordamerikanischen Familie, zu der auch der Phlox gehört, in Europa.

Gut zu kombinieren: Passt gut zu Wald-Storchschnabel, Großer Sterndolde, Akeleiblättriger Wiesenraute, Schwalbenwurz-Enzian, Roter Waldnelke, Bach-Nelkenwurz und Frauenmantel.

Bunte Kronwicke | Keilwicke

Securigera varia

30–120 cm, rosa bis lilaweiß, duftend, Juni–August
Schmetterlingsblütler (Fabaceae)

Aufsteigende oder sich oft über andere Pflanzen legende Stängel sind mit fein gefiederten, leicht bläulich grünen Blättern besetzt. Lang gestielte, kopfige Dolden tragen rosa bis lilaweiße Schmetterlingsblüten mit einem angenehmen Duft. Besiedelt werden meist kalkreiche Wegränder, Säume und trockene Wiesen in warmen Lagen, in Deutschland nordwärts bis ins Ruhrgebiet, Halle und Ost-Brandenburg.

Verwendung: Die reich und lang blühende Bunte Kronwicke ist auch Futterpflanze für viele Insekten. Sie zeigt aber einen oft ungestümen Ausbreitungsdrang und legt sich über andere Pflanzen. Dies ist bei der Kombination mit schwachwüchsigen Arten zu beachten.

Weitere Arten: Keine vergleichbare, heimische Art.

Gut zu kombinieren: Wegen dem erwähnten Ausbreitungsdrang sind nur starkwüchsige Partner wie Wasserdost, Klebriger Salbei oder Aufrechte Waldrebe zu empfehlen.

PFLANZEN FÜR MAGERE UND FETTE WIESEN

STANDORT

Die Wiese unterscheidet sich von allen anderen Lebensräumen grundsätzlich durch die regelmäßige Mahd. Dadurch entsteht eine Mischung aus Gräsern und Wildstauden, abhängig von zahlreichen Einflussfaktoren wie Trockenheit, Besonnung, Bodendurchlässigkeit, Nährstoffgehalt, Hangneigung, Kalkgehalt, Schnitthäufigkeit und -zeitpunkt. Verändert man einen dieser Faktoren, bewegt sich das ganze Wiesengefüge einem Mobile gleich. Je größer der Nährstoffgehalt und die Schnitthäufigkeit, desto höher ist der Grasanteil und desto geringer die Zahl der vorkommenden Wildstaudenarten. Man spricht dann mit der landwirtschaftlichen Optik des hohen Ertrages von einer Fettwiese. Im naturnahen Garten sind dagegen arten- und wildstaudenreiche Magerwiesen beliebt. Diese werden von Trockenheit, Nährstoffarmut, Bodendurchlässigkeit und seltenem Schnitt positiv beeinflusst.

CHARAKTER

Die artenreiche Magerwiese erlebt ihren Höhepunkt in den 6 Wochen zwischen Mitte Mai und Ende Juni, wenn alles blüht und die Insekten summen. Spätestens dann muss in der Regel ein Schnitt erfolgen, da die Wiese sonst vertrocknet und verfilzt. Eine bescheidenere Blüte ist nach dem Schnitt im Spätsommer/Frühherbst zu erwarten. Das begehrte Bild der bunt blühenden Wiese ist also nur wenige Wochen im Jahr gegeben, ganz im Gegensatz zu einer gut aufgebauten Staudenrabatte, deren Blütezeit sich über Monate erstrecken kann. Wird eine Wiese intensiv genutzt und häufig gemäht, entsteht ein niederwüchsiger Rasen, der in seiner mageren Ausbildung einige niedrige Wildstauden enthalten kann.

ZU BEACHTEN

Der Aufbau einer artenreichen, blumenbunten Magerwiese ist aufgrund der vielen Einflussfaktoren komplex und erfordert mindestens 5 Jahre Zeit. In der Regel sind von Beginn an zu viele Nährstoffe im Boden, was sich in einer weiß- und rotkleereichen Pionierphase zeigt. Bei einer artenreichen Magerwiese verläuft die Pionierphase über gelb blühende Kleearten. Auch eine Fettwiese auf schweren Böden kann hübsche Blütenaspekte, beispielsweise mit Roter Waldnelke, zeigen.

Wer sich nach bunt blühenden Wildstauden im Garten sehnt, tut gut daran sich zu überlegen, wo er eine Magerwiese anlegen möchte/kann und wo eine gezielte, dem gegebenen Lebensraum entsprechende Staudenpflanzung befriedigendere Bilder erzeugen wird. Artenreiches, heimisches und standortgerechtes Saatgut zur Begründung einer Magerwiese ist wichtig, erfahrungsgemäß entscheiden aber die Standortverhältnisse und nicht das verwendete Saatgut über die erfolgreiche Begründung einer Magerwiese. Da die trockene Magerwiese nur wenige Frühblüher wie Frühlings-Fingerkraut und Gemeine Kuhschelle aufweist, ist deren Verwendung besonders wichtig.

Wiesen-Schafgarbe

Achillea millefolium

15–80 cm, weiß, Laub aromatisch, Juni–September
Körbchenblütler (Asteraceae)

Fein fiederschnittige, kurz behaarte und aromatische Blätter sind das Markenzeichen der Schafgarbe. Auf wenig verzweigten, drahtigen Stängeln sitzen die weißen, seltener rosa Blüten in dichten Doldenrispen. Die Wiesen-Schafgarbe ist auf relativ mageren Wiesen und Weiden und an Wegrändern zu finden. Sie ist in ganz Deutschland verbreitet und häufig.

Verwendung: Die attraktive wie anspruchslose und robuste Wiesen-Schafgarbe kann auch in mäßig fetten trockenen Wiesen Fuß fassen oder erfolgreich angesiedelt werden. Wichtige schleimlösende und entzündungshemmende Heilpflanze.

Weitere Arten: Höheres Wachstum, ungeteilte Blätter und ein feuchter Wiesenstandort zeichnen die Sumpf-Schafgarbe (*Achillea ptarmica,* Seite 123) aus.

Gut zu kombinieren: Die Schafgarbe kann gut zusammen mit allen Wildstauden der Magerwiesen wie beispielsweise Wiesen-Salbei, Karthäuser-Nelke, Wundklee, Knäuelblütige Glockenblume, Echtes Labkraut, Esparsette und Wiesen-Schlüsselblume gepflanzt oder eingesät werden.

Knäuelblütige Glockenblume | Knäuel-Glockenblume

Campanula glomerata

15–60 cm, blauviolett, Juni–August
Glockenblumengewächse (Campanulaceae)

Steifhaarige, eiförmige bis lanzettliche Blätter umgeben den straff aufrechten, meist rötlichen Stängel. Die großen blauvioletten Blüten stehen endständig gehäuft in dichten, namengebenden Knäueln. Die Knäuelblütige Glockenblume wächst nur auf kalkhaltigen, trockenen Magerwiesen, selten in Säumen und lichten Wäldern. Sie ist in Deutschland nordwärts bis zum Nordrand der kalkhaltigen Mittelgebirge sowie in Mecklenburg-Vorpommern und der Insel Fehmarn verbreitet.

Verwendung: Die attraktiv gehäuften Blüten und die dank Behaarung nur mäßige Empfindlichkeit gegenüber Schneckenfraß geben der Knäuelblütigen Glockenblume einen Ehrenplatz in der trockenen Magerwiese.

Weitere Arten: Ähnlich ist die steifborstige, hellblau blühende Borstige Glockenblume (*Campanula cervicaria*), die wechselfeuchte, tonige Böden in Mittel- und Süddeutschland besiedelt.

Gut zu kombinieren: Die Schafgarbe gesellt sich gerne zu den anderen Wildstauden der trockenen, kalkreichen Magerwiesen wie Gemeine Küchenschelle, Frühlings-Fingerkraut, Wiesen-Salbei, Wundklee, Berg-Lauch, Gold-Aster, Echtes Labkraut, Esparsette und Wiesen-Schlüsselblume.

Wiesen-Flockenblume

Centaurea jacea

10–60 cm, rosapurpur, Juni–September
Körbchenblütler (Asteraceae)

Eiförmige bis lanzettliche und ganzrandige Blätter sitzen am aufrechten Stängel, die Blütenkörbchen mit braun zerschlitzten Hüllblättern meist einzeln am Zweigende. Die Wiesen-Flockenblume wächst auf mäßig mageren Wiesen und Weiden. Besiedelt wird ganz Deutschland.

Verwendung: Als eine der besonders anspruchlosen Arten der Magerwiese mit hübschen Blüten kann die Wiesen-Flockenblume einzeln oder in Gruppen auch in Staudenrabatten Verwendung finden.

Weitere Arten: Höherwüchsig mit zerschlitzten Blättern ist die Skabiosen-Flockenblume (*Centaurea scabiosa*, Seite 85) und die blauviolett blühende Berg-Flockenblume (*Centaurea montana*, Seite 85).

Gut zu kombinieren: Passt gut zu anspruchsloseren Arten der Magerwiese wie Schafgarbe, Wiesen-Margerite, Wilde Möhre, Wiesen-Storchschnabel, Esparsette, Kleiner Wiesenknopf und Kleiner Odermennig.

Echtes Labkraut

Galium verum

10–70 cm, gelb, duftend, Juni–September
Rötegewächse (Rubiaceae)

Die quirlig um den aufrechten Stängel gruppierten Blätter machen die Labkräuter unverkennbar. Beim Echten Labkraut sind es 8 bis 12 linealische, leicht glänzende Blättchen. Die goldgelben, rispigen und nach Honig duftenden Blüten sitzen am Stängelende. Das Echte Labkraut gedeiht auf trockenen und feuchten Magerwiesen und in Säumen und ist in ganz Deutschland verbreitet, wenn auch nicht überall häufig.

Verwendung: Dekorative Wildstaude für Gruppenpflanzungen in der trockenen Magerwiese und Rabatte. Bei guter Nährstoffversorgung oft wenig standfest, dann für enge Benachbarung sorgen. Wurde früher namengebend als Lab für die Käsefermentierung (beim englischen Chesterkäse bis heute) verwendet. Alte Heilpflanze der Volksmedizin und Färbemittel.

Weitere Arten: Das einzige heimische, gelb blühende Labkraut, ähnlich ist das Behaarte Kreuzlabkraut (*Cruciata laevipes*).

Gut zu kombinieren: Stimmig wirkt die Pflanzung zusammen mit Arten der Magerwiese wie Schafgarbe, Wiesen-Margerite, Wiesen-Salbei, Knäuelblütige Glockenblume, Tauben-Skabiose, Wiesen-Schlüsselblume, Esparsette, Flockenblumen und Kleinem Odermennig.

Wiesen-Storchschnabel

Geranium pratense

30–70 cm, blauviolett, Juni–Juli
Storchenschnabelgewächse (Geraniaceae)

Stark zerschlitzte, fünf- bis siebenteilige Blätter umgeben den verzweigten Stängel. Dieser trägt im Juni relativ große, blauviolette Blüten. Der Wiesen-Storchschnabel wächst auf mäßig trockenen Fettwiesen und besiedelt ganz Deutschland mit Ausnahme des seenahen Nordwestens.

Verwendung: Der heimische Storchenschnabel mit dem höchsten Blauanteil der Blüte. Gut verwendbar in Wiesen und Rabatten. Bei guter Nährstoffversorgung oft wenig standfest, dann für enge Benachbarung sorgen.

Weitere Arten: Der ähnliche Wald-Storchschnabel (*Geranium sylvaticum*, Seite 112) braucht deutlich frischere Böden und blüht auch im vollen Schatten.

Gut zu kombinieren: Passt gut zu Wiesenpflanzen wie Schafgarbe, Wilde Möhre, Echtes Labkraut, Wiesen-Margerite, Wiesen-Schlüsselblume, Feld-Witwenblume, Esparsette und Kleiner Odermennig.

Saat-Esparsette

Onobrychis viciifolia

30–70 cm, rosa bis hellrot, Mai–August
Schmetterlingsblütler (Fabaceae)

Unpaarig gefiederte Blätter säumen den aufrechten oder aufsteigenden Stängel. Die hellroten, dunkler gestreiften Blüten vereinen sich in endständigen, ährigen Trauben. Wuchsorte sind eher kalkreiche Trockenwiesen, Kiesflächen und Böschungen. In Deutschland reicht die Verbreitung bis zum Nordrand der Mittelgebirge und ins Odertal. Dank den guten Pioniereigenschaften wird die Art oft eingesät.

Verwendung: Die reich und attraktiv blühende Esparsette gehört zum festen Bild einer buntblühenden Magerwiese. Kann bei Einsaaten auf Pionierflächen oft dominant auftreten. Die Gerbstoffe (Tannine) werden in der Tiermedizin zur Entwurmung verwendet.

Weitere Arten: Kleiner, zierlicher und viel seltener sind Sand- und Berg-Esparsette (*Onobrychis montana* und *O. arenaria*).

Gut zu kombinieren: Klassische Magerwiesenarten wie Wiesen-Margerite, Wiesen-Salbei, Wundklee, Wilde Möhre, Glockenblumen und Echtes Labkraut geben gute Partner ab.

Frühlings-Fingerkraut

Potentilla verna

5–30 cm, gelb, April–Mai
Rosengewächse (Rosaceae)

Die niederliegende Blattrosette breitet sich kreisförmig aus. Die behaarten Blättchen sind namengebend fingerförmig fünfteilig. Die sattgelben Blüten sitzen auf kurzen Stängeln über den Blättern. Das Frühlings-Fingerkraut besiedelt trockene Magerwiesen, Wegränder und Mauern. In ganz Deutschland verbreitet ohne den seenahen Nordwesten.

Verwendung: Als attraktiver Frühblüher besonders wertvoll, da nur ganz wenige heimische Arten trockener Wiesen zeitig erblühen. Wirkt in Einzelpflanzung im Vordergrund oder in Kleingruppen verteilt gut.

Weitere Arten: Sehr ähnlich sind die weit selteneren und in Deutschland auf die trockenwärmsten Region beschränkten Arten Sand- und Grauflaumiges Fingerkraut (*Potentilla incana* und *pusilla*). Deutlich später blüht das mais- bis orangegelbe Crantz' Fingerkraut (*Potentilla crantzii*) der Kalkalpen.

Gut zu kombinieren: Das Frühlings-Fingerkraut eröffnet zusammen mit Gemeiner Küchenschelle, Wiesen-Schlüsselblume und Frühlings-Adonis den Blütenreigen in Magerwiesen und auf Trockenstandorten und ist mit allen anderen Wildstauden der entsprechenden Standorte gut zu benachbarn, sofern Platz für die niederwüchsige Art gegeben ist.

Wiesen-Schlüsselblume | Frühlings-, Echte Schlüsselblume

Primula veris

10–30 cm, gelb, duftend, April–Mai
Primelgewächse (Primulaceae)

Die filzig behaarten, eiförmigen Blätter sind sternförmig in einer grundständigen Rosette angeordnet. Die duftenden, goldgelben Blütenkronen mit orangem Schlund thronen in einer vielblütigen, lockeren Kugel darüber. Kann auf trockenen, kalkreichen Wiesen dekorative Massenbestände bilden. Besiedelt ganz Deutschland ohne den Nordwesten.

Verwendung: Als attraktiver Frühblüher besonders wertvoll, da nur ganz wenige heimische Arten trockener Wiesen zeitig erblühen. Wirkt am besten in Gruppenpflanzungen. Wichtige Heilpflanze bei Atemwegserkrankungen.

Weitere Arten: Die noch früher hellgelb erblühende Wald-Schlüsselblume (*Primula elatior*, Seite 128 benötigt frisch-feuchte Böden und kann auch im Schatten blühen. Nur in der West- und Südschweiz kommt die südwesteuropäische Stängellose Schlüsselblume (*Primula acaulis*) mit sitzenden hellgelben Blüten wild vor.

Gut zu kombinieren: Die Frühlings-Schlüsselblume ziert zusammen mit Gemeiner Küchenschelle, Frühlings-Fingerkraut und Frühlings-Adonis den Frühling in Magerwiesen und auf Trockenstandorten und ist mit allen anderen Wildstauden der entsprechenden Standorte gut zu benachbarn, sofern Platz für die niederwüchsige Art gegeben ist.

Wiesen-Salbei

Salvia pratensis

30–70 cm, azur- bis violettblau, Mai–August
Lippenblütler (Lamiaceae)

Herzförmige, unregelmäßig gezähnte, runzlige Blätter bilden eine grundständige Rosette und säumen den vierkantigen Stängel. Die azur- bis violettblauen Blüten mit der helmartig gewölbten Oberlippe sitzen in wenigblütigen Quirlen rund um den Stängel. Besiedelt werden trockene Wiesen und sonnige Säume auf meist kalkreichen Böden. Die Verbreitung reicht in Deutschland nordwärts bis an den Nordrand der Mittelgebirge sowie Brandenburg und Vorpommern.

Verwendung: Der reich und attraktiv blühende Wiesen-Salbei darf als Ikone der trockenen Magerwiesen gelten. Auch gute Einzel- und Gruppenwirkung in Rabatten und auf Trockenstandorten. Alte Heilpflanze mit den gleichen, wenn auch schwächeren Wirkungen wie der Echte Salbei.

Weitere Arten: Ähnlich sind der im Elbtal, Anhalt, Thüringen und Ost-Österreich heimische Hain-Salbei (*Salvia nemorosa*) und der in inneralpinen Trockentälern wachsende, violett blühende Quirlige Salbei (*Salvia verticillata*).

Gut zu kombinieren: Passt gut zu Wiesen-Margerite, Esparsette, Wundklee, Wilder Möhre, Glockenblumen, Kleinem Mädesüß, Skabiosen-Flockenblume, Echtem Labkraut und vielen anderen.

Rote Lichtnelke

Silene dioica

30–90 cm, karminrosa, April–August
Nelkengewächse (Caryophyllaceae)

Grundständige, weichhaarige, eiförmige Rosettenblätter und gegenständige Stängelblätter charakterisieren die Rote Waldnelke ebenso wie die leuchtend karminrosa Blüten in schönem Kontrast zu den samtig purpurbraunen Kelchen. Die Rote Waldnelke besiedelt entgegen ihres Namens in erster Linie frisch-feuchte Wiesen und Hochstaudenfluren, kann aber durchaus auch im Schatten blühen. In ganz Deutschland verbreitet und häufig mit Ausnahme Brandenburgs und des Odertals.

Verwendung: Die leuchtenden Blüten erfreuen über Monate und machen die Rote Waldnelke damit zu einer sehr wertvollen Wildstaude für schwere Lehmböden mit frisch-feuchten Fettwiesen und Staudenrabatten. Wildgemüse und altes Volksheilmittel.

Weitere Arten: Ähnlich in Aussehen und Ansprüchen ist die Kuckucks-Lichtnelke (*Silene flos-cuculi*) mit deutlich zerschlitzten Kronblättern.

Gut zu kombinieren: Eignet sich gut zur Vergesellschaftung mit anderen Arten schwerer Tonböden wie beispielsweise Wald-Schlüsselblume, Wiesen-Schaumkraut, Trollblume, Teufelsabbiss, Bach-Nelkenwurz, Sibirische Schwertlilie oder Prachtnelke.

PFLANZEN FÜR DEN HALBSCHATTIGEN SAUM

STANDORT

Der Saum als natürlicher Grenzlebensraum zwischen Wiese und Wald oder Hecke erfährt im Gegensatz zur Wiese keine regelmäßige Mahd und ist deshalb meist grasärmer und staudenreicher als eine Wiese. Die Beschattung ist graduell und kann unter dem Einfluss wechselnden Gehölzschattens kleinräumig sehr unterschiedlich sein. Halbschattiger Saum bedeutet in diesem Kontext ein mäßig beschatteter Saum, dessen Arten im Garten gepflanzt meist in voller Sonne wie auch im lichten Schatten gedeihen können. Trockenwarme, kalkreiche Säume sind erheblich artenreicher als feuchtschattige Säume auf humosen Böden, auf denen meist wenige konkurrenzstarke Stauden zur Dominanz gelangen. Manche Wildstauden der trockenwarmen Säume sind sowohl auf kiesreichen Trockenstandorten und in Magerwiesen als auch in lichten Wäldern, besonders in warmen, artenreichen Eichen- und Kiefernwäldern, zu finden.

CHARAKTER

Besonders trockenwarme Säume über Kalkfels können natürlichen „Blumengärten“ mit einer Vielzahl gartenwürdiger Wildstauden wie Blutroter Storchenschnabel, Diptam, Aufrechte Waldrebe, Blauer Lattich, Pfirsichblättrige Glockenblume, Straußblütige Margerite, Immenblatt oder Kleine Wiesenraute bilden. Diese sind nicht selten natürliche Vorbilder für eine wirkungsvoll gestaltete trockenwarme Staudenrabatte im Garten. Gestalterische Herausforderung ist der abwechslungsreich gestaffelte Aufbau vom niedrigen Saum an der Vorderkante mit fließenden Übergängen zum rückwärtigen Gehölz.

BODEN UND LAGE

Trockenwarme, halbsonnige und kalkreiche Lagen mit durchlässigen, steinigen oder kiesreichen Böden ermöglichen artenreiche Saumpflanzungen, die auch langsamwüchsigen, konkurrenzschwachen Wildstauden einen Platz bieten. Bei tiefgründig humosen und tonreichen Böden sind wüchsige, konkurrenzstarke Stauden für eine stabile Pflanzung zu vereinen, da der Pflegeaufwand für schwachwüchsige Arten sehr hoch wird.

ZU BEACHTEN

Einwachsende Gehölze können die Stauden durch zunehmende Beschattung und Wurzeldruck be- und verdrängen. Bei der Pflege ist also auch auf den Erhalt eines staudenfreundlichen Standortes zu achten. Mehrere wintergrüne Arten der Säume wie Stinkende Nieswurz, Mandelblättrige Wolfsmilch und Salbeiblättriger Gamander beleben den Winteraspekt des Saumes.

Gemeine Akelei

Aquilegia vulgaris

30–90 cm, blauviolett, Mai–Juni
Hahnenfußgewächse (Ranunculaceae)

Die doppelt dreizähligen, gekerbten Blätter alleine sind schon ausgesprochen gartenwürdig. Die Vielzahl auffällig gespornter, blauvioletter Blüten macht die Gemeine Akelei vollends zum Kleinod. Lichte Wälder, Säume und Gebüsche auf trockenen bis frischen Böden bieten der Gemeinen Akelei Heimat. In Deutschland wird nordwärts der Nordrand der Mittelgebirge erreicht.

Verwendung: Attraktives Laub und Blüten, kombiniert mit Robustheit und einer breiten Toleranz gegenüber unterschiedlichen Böden machen die Gemeine Akelei fast unverzichtbar für Saumpflanzungen und halbschattige Rabatten. Altes Volksheilmittel mit starken Nebenwirkungen.

Weitere Arten: Auffällig braunviolette Blüten zeigt die Schwarzviolette Akelei (*Aquilegia atrata*), die in Deutschland nur in Baden-Württemberg und Bayern wild vorkommt.

Gut zu kombinieren: Immenblatt, Glockenblumen, Straußblütige Margerite, Fingerhut, Brauner Storchschnabel, Alpen-Ziest und Katzenminze geben gute Partner ab.

Blauer Steinsame | Purpurblaue Rindszunge

Buglossoides purpurocaerulea

20–50 cm, rotviolett zu tiefblau, Mai–Juni
Raublattgewächse (Boraginaceae)

Die zahlreichen bogigen Ausläufer tragen rauhaarige, lanzettliche Blätter und formen mit der Zeit niedrige Dickichte. Die zahlreichen, rotviolett aufblühenden Blütensterne färben sich bald tiefblau und bieten dann einen eindrücklichen Anblick. Auffällig sind auch die namengebend steinharten, glänzend weißen, porzellanartigen Samen, die lange haften bleiben. Der Blaue Steinsame gedeiht in lichten Wäldern, Säumen und Gebüschen in warmen Lagen über kalkreichem Untergrund, besonders in Eichenwäldern. In Deutschland wird nordwärts der Nordrand der kalkreichen Mittelgebirge erreicht.

Verwendung: Zur Blütezeit ein echter Hingucker, zeigt der Blaue Steinsame in der übrigen Zeit ein dichtes, etwas chaotisch wirkendes Gewirr von Ausläufern, eignet sich dadurch aber hervorragend als Bodendecker für den lichten Halbschatten. Alte Heilpflanze bei Blasenleiden.

Weitere Arten: Aufrechter Wuchs, weiße Blüten und eine ähnliche Verbreitung charakterisieren den verwandten Echten Steinsamen (*Lithospermum officinale*).

Gut zu kombinieren: Braucht höherwüchsige, konkurrenzstarke Partner wie Nesselblättrige Glockenblume, Straußblütige Margerite, Schwarznessel, Brauner Storchschnabel, Klebriger Salbei oder Aufrechte Waldrebe.

Langblättriges Hasenohr

Bupleurum longifolium

30–90 cm, rötlich gelb bis braunrot, Juni–August
Doldenblütler (Apiaceae)

Die etwas bläulich schimmernden, länglich eiförmigen Blätter mit auffällig parallelen Blattnerven umfassen den Stängel mit runden Zipfeln. Die großen Dolden tragen von sternförmigen Hochblättern (Hüllchen) eingefasste rötlich gelbe oder braunrote Blüten. Das Langblättrige Hasenohr gedeiht in lichten, kalkreichen Wäldern und steinigen Hängen. Die Verbreitung ist in der Schweiz, Österreich und Deutschland ausgesprochen lückig. In Deutschland gibt es Vorkommen auf der Schwäbischen Alb, in Mainfranken, Thüringen, Anhalt und dem Harzvorland.

Verwendung: Sehr dekorative, kaum bekannte Wildstaude mit guter Solitär- oder Kleingruppenwirkung für die halbschattige Rabatte oder Säume.

Weitere Arten: Die ähnlichste Hasenohrenart mit ebenfalls großen, rundovalen Blättern ist das einjährige Rundblättrige Hasenohr (*Bupleurum rotundifolium*) der Ackerbegleitflora, das wegen seiner Attraktivität auch in der Floristik Verwendung findet.

Gut zu kombinieren: Das Langblättrige Hasenohr gesellt sich gerne zu Immenblatt, Diptam, Mandelblättriger Wolfsmilch, Akelei, Pfirsich- und Nesselblättriger Glockenblume, Alpen-Ziest und Klebrigem Salbei.

Wald-Bergminze

Calamintha menthifolia

30–60 cm, lila, Laub aromatisch, Juli–Oktober
Lippenblütler (Lamiaceae)

Aromatische, rundliche bis eiförmige, oft gezähnte Blätter sitzen gegenständig am behaarten Stängel. Helllila Lippenblüten drängen sich in einseitswendigen Halbquirlen zusammen. Die Bergminze (*Calamintha nepeta*) ist wie der Feld-Thymian als Artengruppe mit mehreren, sehr ähnlichen Kleinarten zu verstehen. Die gärtnerisch am meisten verwendete Wald-Bergminze wächst auf kalkreichen Säumen und an Wegrändern in warmen Lagen. In Deutschland wird nur der Südwesten besiedelt mit Vorkommen im Rhein-, Neckar-, Main- und Moseltal sowie in der Eifel.

Verwendung: Wertvoller Spätblüher mit guter Gruppenwirkung im Vorder- und Mittelgrund. Alte Heilpflanze mit entzündungshemmenden Eigenschaften.

Weitere Arten: Ähnlich sind der rosa blühende Wirbeldost (*Clinopodium vulgare*) und die südalpine Großblütige Bergminze (*Calamintha grandiflora*).

Gut zu kombinieren: Passend beispielsweise zu Immenblatt, Alpen-Ziest, Fingerhut, Braunem Storchschnabel, Kleiner Wiesenraute, Straußblütiger Margerite, Diptam und Klebrigem Salbei.

Pfirsichblättrige Glockenblume

Campanula persicifolia

40–100 cm, hell blauviolett, Juni–Juli
Glockenblumengewächse (Campanulaceae)

Die Blätter sind nicht pfirsichartig, sondern in der grundständigen Rosette lang eiförmig und am Stängel linealisch. Die hell blauvioletten, weit glockenförmigen Blüten sitzen in lockeren drei- bis sechsblütigen Trauben am langen, glatten Stängel. Die Pfirsichblättrige Glockenblume findet sich in kalkreichen, lichten Wäldern, vorwiegend Eichenwald, und Säumen. Ihre Vorkommen reichen in Deutschland an den Nordrand der Mittelgebirge und bis nach Brandenburg und Mecklenburg-Vorpommern.

Verwendung: Gute Solitär- oder Kleingruppenwirkung für die halbschattige Rabatte oder Säume.

Weitere Arten: Die Bologneser-Glockenblume (*Campanula bononiensis*) mit dichter Blütentraube kommt im Wallis, Wiener Becken sowie in Nordostdeutschland vor.

Gut zu kombinieren: Geeignete Partner sind beispielsweise Blutroter- und Brauner Storchschnabel, Fingerhut, Rindsauge, Immenblatt, Purpur-Klee, Diptam, Mandelblättrige Wolfsmilch und Klebriger Salbei.

Aufrechte Waldrebe

Clematis recta

100–150 cm, weiß, duftend, Mai–Juni
Hahnenfußgewächse (Ranunculaceae)

Die Blätter sind unpaarig gefiedert mit bis zu neun ganzrandigen Teilblättern. Der hohle Stängel bleibt unverholzt. Die weißen, duftenden Blüten sitzen in endständigen, breiten Trugdolden. Daraus entwickeln sich auffällig silbern behaarte Früchte. Die Aufrechte Waldrebe besiedelt kalkreiche Säume und lichte Wälder in warmen Lagen und findet sich in Deutschland nur im Donau-, Main- und Elbtal.

Verwendung: Sehr auffälliger Solitär für die halbschattige Rabatte oder Säume. Da bei Nässe und Wind wenig standfest, ist eine stützende Benachbarung zu empfehlen. Die schwach giftige Pflanze wird in der Homöopathie bei Hautausschlägen verwendet.

Weitere Arten: Die einzige staudige Waldrebe in Mitteleuropa.

Gut zu kombinieren: Geeignete Partner sind robuste Arten des trockenwarmen Saumes wie Diptam, Skabiosenblättrige Flockenblume, Mandelblättrige Wolfsmilch, Herzgespann und Klebriger Salbei sowie zahlreiche niedrigere Arten für den Vordergrund.

Berg-Kronwicke

Coronilla coronata

20–50 cm, gelb, duftend, Juni
Schmetterlingsblütler (Fabaceae)

Leicht blaugrüne, gefiederte Blätter kontrastieren wirkungsvoll mit den zart duftenden, leuchtend gelben Schmetterlingsblüten. Wächst auf trockenen Säumen und in lichten Eichenwäldern in warmen Lagen, in Deutschland nur auf der Schwäbischen Alb, im Donau- und Maintal und in Thüringen.

Verwendung: Die attraktive Berg-Kronwicke kann gleichermaßen auf Mauerkronen, Trockenstandorten, sonnigen Rabatten und in Säumen gut als Solitär oder in Kleingruppen verwendet werden.

Weitere Arten: Sehr ähnlich, aber niederliegend sind die auf Kalkfelsen gedeihenden Scheiden-Kronwicke (*Coronilla vaginalis*) sowie die im Wallis vorkommende Kleine Kronwicke (*Coronilla minima*).

Gut zu kombinieren: Gute Partner sind beispielsweise Blauer Lattich, Gemeine Küchenschelle, Ästige Graslilie, Karthäuser-Nelke, Ähriger Ehrenpreis, Edel-Gamander, Alpen-Ziest und Blutroter Storchschnabel.

Diptam | Weißer Diptam

Dictamnus albus

60–120 cm, rosa, Laub und Stängel stark aromatisch, Mai–Juni
Rautengewächse (Rutaceae)

Die Blätter sind unpaarig gefiedert mit bis zu elf gezähnten Teilblättern. Besonders der Stängel trägt zahlreiche schwarze Drüsen, die reichlich intensiv zitronenduftendes ätherisches Öl enthalten. Die großen, auffällig dunkelpurpur geaderten, rosa Blüten sitzen in einer endständigen Traube. Der Diptam gedeiht in kalkreichen Säumen, lichten Eichenwäldern und auf Kalkfelsen in sehr warmen Lagen. Er ist in Deutschland nur vereinzelt in Baden-Württemberg, Donau- und Maintal, Rheinland-Pfalz, Thüringen und Anhalt beheimatet.

Verwendung: Prachtvoller, hoch aromatischer Solitär für die trockene, halbschattige Rabatte oder Säume. Braucht tiefgründig lockeren Boden zum guten Wachstum. Die ätherischen Öle können phototoxisch wirken.

Weitere Arten: Keine vergleichbare Wildstaude. Der Diptam ist der einzige Vertreter der Rautengewächse, zu denen auch die Zitrusfrüchte und die mediterrane Weinraute (*Ruta graveolens*) gehören, in Mitteleuropa.

Gut zu kombinieren: Geeignete Partner sind robuste Arten des trockenwarmen Saumes wie beispielsweise Klebriger Salbei, Blutroter und Brauner Storchschnabel, Skabiosenblättrige Flockenblume, Glockenblumen, Straußblütige Margerite, Alpen-Ziest, Blauer Lattich, Mandelblättrige Wolfsmilch und Herzgespann.

Frühlings-Platterbse

Lathyrus vernus

20–50 cm, karminrosa zu blau, Mai–Juni
Schmetterlingsblütler Bohnengewächse (Fabaceae)

Paarig gefiederte Blätter mit zwei bis vier Blattpaaren formen eine halbkuglige Staude und bleiben bis weit in den Herbst hinein sichtbar. Die lang gestielten Blütentrauben tragen typische Schmetterlingsblüten. Diese durchlaufen einen auffälligen Farbwechsel von karminrosa zu blau und blaugrün im Abblühen. Lebensraum sind trockene, kalkreiche Wälder und halbschattige Säume. In Deutschland reichen die Vorkommen bis an den Nordrand der kalkreichen Mittelgebirge, außerdem zerstreute Vorkommen nördlich der Elbe.

Verwendung: Die Frühlings-Platterbse zeigt nicht nur attraktive Spätfrühlingsblüten, sondern wirkt auch mit ihrem Blattwerk sehr zierend. Sie ist mit Vorteil in Kleingruppen zu verwenden. Im Garten kann die Art sowohl im Schatten blühen als auch viel sonniger stehen als in den lichtschattigen Wildvorkommen.

Weitere Arten: Feinere Blätter und dunkelpurpurne Blüten zeigt die an trockenen Säumen wachsende, hochwüchsigere und später blühende Schwarze Platterbse (*Lathyrus niger*).

Gut zu kombinieren: Kontrastiert schön mit dem zur selben Zeit blühenden Gold-Hahnenfuß, passt gut zu Immenblatt, Großem Windröschen, Langblättrigem Hasenohr, Kleiner Wiesenraute, Bergminze und anderen.

Immenblatt

Melittis melissophyllum

20–60 cm, rosaweiß, Laub leicht aromatisch, Mai–Juni
Lippenblütler (Lamiaceae)

Eiförmige, grob gezähnte weichfilzige, leicht aromatische, namengebend melisseartige Blätter umgeben den vierkantigen Stängel. Ende Mai öffnen sich die einzeln oder zu dritt in den Blattwinkeln sitzenden, sehr großen, weißen bis tiefrosa Lippenblüten. Wächst in eher trockenen, kalkreichen Wäldern und auf halbschattigen Säumen, in Deutschland nur lokal verbreitet am Hochrhein, Schwäbischer Alb, Mittelfranken, Saale- und Elbetal und isoliert in Süd-Niedersachsen.

Verwendung: Sehr attraktiv durch die großen Blüten, aber auch zierendes Laub mit guter Gruppenwirkung im Vorder- und Mittelgrund. Alte Heilpflanze mit verschiedenen Anwendungen.

Weitere Arten: Noch größere, dunkelpurpur geaderte Blüten zeigt der in Kärnten und der Steiermark wild vorkommende Nesselkönig (*Lamium orvala*).

Gut zu kombinieren: Passend beispielsweise zu Frühlings-Platterbse, Großem Windröschen, Stinkendem Nieswurz, Alpen-Ziest, Fingerhut, Braunem Storchschnabel, Kleiner Wiesenraute, Straußblütiger Margerite oder Klebrigem Salbei.

Alpen-Ziest

Stachys alpina

30–100 cm, altrosa, Laub streng riechend, Juni–August
Lippenblütler (Lamiaceae)

Herz-eiförmige, grob gezähnte weichfilzige Blätter mit strengem Geruch umgeben den vierkantigen Stängel. Im Frühsommer präsentieren sich die in Quirlen um den Stängel sitzenden, altrosa Lippenblüten. Kommt in trockenen, kalkreichen Wäldern, Säumen und Schutthalden vor. In Deutschland nur lokal verbreitet am Alpenrand, auf der Schwäbischen Alb, im Sauerland, Oberen Moseltal und an einigen zerstreuten Fundpunkten nordwärts bis Süd-Niedersachsen.

Verwendung: Sehr gute Gruppenwirkung durch die kerzenartig aufrechten Blatt- und Blütenstände für den Mittelgrund.

Weitere Arten: Weißfilzige Blätter und purpurrosa Blüten zeichnen den Deutschen Ziest (*Stachys germanica*) der Mittelbgebirge aus.

Gut zu kombinieren: Passend beispielsweise zu Fingerhut, Glockenblumen, Edel-Gamander, Mandelblättriger Wolfsmilch, Braunem Storchschnabel, Kleiner Wiesenraute, Straußblütiger Margerite, Klebrigem Salbei oder Wald-Bergminze.

Straußblütige Margerite | Dolden-Rainfarn

Tanacetum corymbosum

30–100 cm, weiß mit gelb, Juni–Juli
Körbchenblütler (Asteraceae)

Fein fiederschnittige und gezähnte, dunkelgrüne Blätter gruppieren sich entlang der aufrechten, verzweigten Stängel. Zuoberst sitzen lockere, vielblütige doldige Blütentrauben mit gelben Röhren- und weißen randlichen Zungenblüten. Die Straußblütige Margerite gedeiht in kalkreichen lichten Wäldern und Säumen. Die Verbreitung ist in Deutschland unregelmäßig mit Schwerpunkten Schwäbische Alb, Franken, Thüringen-Anhalt und Rheinland-Pfalz.

Verwendung: Die straff aufrechte Gestalt mit schöner Frühsommerblüte präsentiert sich in Einzel- wie auch Gruppenpflanzungen gut.

Weitere Arten: Analog in Blatt und Gestalt, aber ohne weiße Randblüten zeigt sich der Rainfarn (*Tanacetum vulgare*), der offene, sonnigere Flächen besiedelt.

Gut zu kombinieren: Guter Partner sind mittel- und hochwüchsiger Wildstauden trockenwarmer Standorte wie beispielsweise Diptam, Klebriger Salbei, Fingerhut, Purpur-Klee, Glockenblumen, Herzgespann, Brauner Storchschnabel oder Langblättriges Hasenohr.

Edel-Gamander

Teucrium chamaedrys

10–25 cm, rosa, wintergrün, Juni–August
Lippenblütler (Lamiaceae)

Die glänzend grünen, eiförmigen und stark gezähnten, gegenständigen Blättchen stehen dicht an den zahlreichen, vertikal aufsteigenden kantigen Stängeln. Im Sommer entfalten sich zahlreiche quirlständige blass- bis tiefrosa gefärbte Blüten mit gattungstypisch fehlender Oberlippe. Der Kriechende Gamander ist auf trockenwarmen, meist kalkreichen Säumen, Felsen und in warmen, lichten Wäldern beheimatet. In den Alpen und den kalkreichen Mittelgebirgen unregelmäßig verbreitet, nordwärts das Ruhrgebiet und Saaletal erreichend.

Verwendung: Besonders wertvoll durch seine glänzende, wintergrüne Belaubung, die auf nährstoffarmen Standorten dichtbuschig bleibt, im Humus dagegen zu lockeren, wirren Trieben zerfällt. Alte Heilpflanze bei Magen- und Gallenbeschwerden mit starken Nebenwirkungen.

Weitere Arten: Kompaktere, dichtere Polster mit blassgelben Blüten formt der Berg-Gamander (*Teucrium montanum*, Seite 75) auf trockenheißen Kiesstandorten und in Trockenmauern.

Gut zu kombinieren: Passt gut beispielsweise zu Wildstauden des trockenwarmen Saums wie Blutroter Storchschnabel, Ästige Graslilie, Blauer Lattich, Wald-Bergminze, Berg-Kronwicke, Gemeine Küchenschelle, Deutscher Ziest und Sichelblättriges Hasenohr.

Vogel-Wicke

Vicia cracca

30–120 cm, violettblau, Juni–August
Schmetterlingsblütler/Bohnengewächse (Fabaceae)

Die zierlichen, gefiederten Blätter zeigen 5 bis 15 Fiederpaare und eine, für die meisten Wicken typische, Wickelranke am Blattende. Die nickenden blauvioletten bis lilakarminroten Blüten stehen in dichten aufrechten Trauben über dem Blattwerk. Besiedelt werden trockenwarme, oft kalkreiche buschige Hängen, Waldsäume und Heckenränder. In ganz Deutschland häufig und verbreitet, jedoch seltener als die nah verwandte Zaun-Wicke.

Verwendung: Die attraktiv fein gefiederten Blätter und üppige Blüten sorgen für einen hohen Gartenwert. Der oft starke Ausbreitungsdrang erfordert starkwüchsige Partner. Ideal für wenig gepflegte, trockenwarme Saumlagen im Garten.

Weitere Arten: Weniger und trüblila Blüten und nur 4 bis 7 Blattfiederpaare zeigt die viel häufigere Zaun-Wicke (*Vicia sepium*) mit geringeren Wärmeansprüchen, die oft auch als spontanes Beikraut im Garten erscheint.

Gut zu kombinieren: Braucht starkwüchsige Partner wie Gemeiner Dost, Echtes Herzgespann, Schwarznessel, Skabiosen-Flockenblume, Straußblütige Margerite oder Aufrechte Waldrebe.

PFLANZEN FÜR DEN TROCKENEN SCHATTEN

STANDORT

Der trockene Schatten ist ein Lebensraum der, im Gegensatz zum frischfeuchten Schatten, nur von vergleichsweise wenigen Stauden besiedelt werden kann. Das mag auch damit zu tun haben, dass im natürlichen Lebensraum des trockenen Schattens in Wäldern die dominierenden Gehölze die meiste Bodenfeuchtigkeit mit einem oft dicht verzweigten Wurzelnetz für sich beanspruchen. Die Entwicklung großer Blattflächen zum Ausgleich des Lichtmangels ist für Stauden im trockenen Schatten aus Wassermangel deshalb kaum möglich.

CHARAKTER

Nicht selten sind Wildstauden im trockenen Schatten in der Lage, durch Ausläufer größere Flächen zu besiedeln. Als Blütenfarbe überwiegt gelb. Mehrere wintergrüne Wildstauden lassen vermuten, dass die Investition in Blattmasse bei gleichzeitig beschränktem Wasser- und Lichtangebot so hoch ist, dass sich wintergrüne Blätter mit verlängerter Vegetationszeit im trockenen Schatten besonders lohnen.

BODEN UND LAGE

Trockener Schatten tritt im Garten besonders unter Gehölzen und im Regenschatten von Gebäuden und Mauern auf. Der Anteil an Wildstauden im trockenen Schatten, die kalkreiche Böden bevorzugen, ist auch hier größer. Eine Ausnahme bildet der Salbeiblättrige Gamander. Die Steilheit und Lage des Standorts ist meist unerheblich, sehr schwierig bis ausgeschlossen ist die Besiedlung von trockenen Schattenlagen mit starkem Wurzeldruck von Gehölzen.

ZU BEACHTEN

Sollen Schattenstauden unter gut eingewachsenen Gehölzen eingepflanzt werden, ist es oft unerlässlich, die Feinwurzeln der Gehölze im vorgesehenen Wurzelbereich der Stauden beschränkt zu entfernen und frische Erde als Pflanzvorbereitung einzubringen.

Mandelblättrige Wolfsmilch

Euphorbia amygdaloides

30–60 cm, gelbgrün, wintergrün, giftig, April–Mai
Wolfsmilchgewächse (Euphorbiaceae)

Lang spatelförmige, ganzrandige Blätter umgeben den etwas fleischigen, oft rötlichen Stängel. Zahlreiche sterile Triebe tragen einen auffälligen, wintergrünen Blattschopf, der bei strengem Frost dunkelrot verfärben kann. Der doldige Gesamtblütenstand trägt kleine gelbe Blüten in gelbgrünen Hüllbechern. Wächst in lichten, kalkreichen Wäldern und Säumen. In Deutschland im Rhein-Maintal, auf der Schwäbischen Alb, in Thüringen und Rheinland-Pfalz vorkommend.

Verwendung: Besonders in Gruppenpflanzung dekorative Wildstaude für halbschattige Rabatten und Säume. Der weiße, giftige Milchsaft wurde früher zum Präparieren von Wolfsködern verwendet.

Weitere Arten: Die eher sonniger stehende Warzige Wolfsmilch (*Euphorbia verrucosa*) hat feinere Blätter und sattgelbe Blüten.

Gut zu kombinieren: Nesselblättrige Glockenblume, Immenblatt, Langblättriges Hasenohr, Kleine Wiesenraute, Straußblütige Margerite, Fingerhut, Brauner Storchschnabel, Alpen-Ziest und Echte Katzenminze schaffen gemeinsam ansprechende Bilder.

Brauner Storchschnabel

Geranium phaeum

30–70 cm, schwarzviolett bis purpurbraun, Mai–Juni
Storchschnabelgewächse (Geraniaceae)

Handförmige, gezähnte siebenteilige Blätter sitzen um den aufrechten, wenig verzweigten Stängel. Dieser trägt im Spätfrühling auffällig braunviolette bis purpurschwarze Blüten mit ausgebreiteten bis zurückgeschlagenen Kronblättern. Der Braune Storchschnabel wächst in Wiesen, Säumen und Hochstaudenfluren und besiedelt Deutschland nur zerstreut in Bayern südlich der Donau. In Sachsen ist die Art oft verwildert.

Verwendung: Durch aufrechten Wuchs, hübsche Blätter und auffällige Blüten gute Wirkung in Gruppenpflanzungen, die sowohl im Schatten als auch in der Sonne reich blühen.

Weitere Arten: In den Alpen kommt auch die lilablütige Unterart Blassvioletter Brauner Storchschnabel (*Geranium phaeum* ssp. *lividum*) vor.

Gut zu kombinieren: Gerne zusammen mit beispielsweise Kleinem Odermennig, Klebrigem Salbei, Echter Katzenminze, Gemeiner Akelei, Kleiner Wiesenraute, Nesselblättriger Glockenblume, Straußblütiger Margerite, Immenblatt oder Aufrechter Waldrebe.

Stinkende Nieswurz

Helleborus foetidus

30–60 cm, gelbgrün, wintergrün, giftig, Februar–März
Hahnenfußgewächse (Ranunculaceae)

Der wenig schmeichelhafte Name gehört einer in vieler Hinsicht ausgesprochen attraktiven Schattenstaude, deren Blätter nur beim Zerreiben muffig riechen. Die glänzend dunkelgrünen, ledrigen, fingerförmig geteilten und gezähnten Blätter gruppieren sich dicht um den niedrigen Stängel. Darüber erheben sich die bereits ab Herbst dicken, gelbgrünen, gut sichtbaren Blütenknospen und im Spätwinter die rot gerandet aufblühenden, glockigen Blüten. Lichte Wälder und buschige Hänge, meist über Kalkfels, sind der Lebensraum der südwesteuropäischen Art. Fehlt in Österreich, besiedelt die Westschweiz, Baden-Württemberg, Rheinland-Pfalz und Unterfranken.

Verwendung: Eine der dekorativsten, wintergrünen Wildstauden mit sehr wirkungsvollem Kontrast des feingefächerten dunkelgrünen Laubes mit den gelbgrünen Blüten(knospen). Ausgesprochene Solitärwirkung. Im Garten kann die Stinkende Nieswurz auch recht sonnig stehen. Die getrocknete Wurzel dient zermahlen als namengebender Reizbestandteil von Schnupftabak.

Weitere Arten: Sommergrüne Blätter und reingrüne Blüten kennzeichnen die in Deutschland im Hügelland Nordrhein-Westfalens und Süd-Niedersachsen heimische Grüne Nieswurz (*Helleborus viridis*). Weiße, duftende Blüten im Spätwinter charakterisieren die in Österreich, den Berchtesgadener Alpen und dem Südtessin wild vorkommende Christrose oder Schwarze Nieswurz (*Helleborus niger*).

Gut zu kombinieren: Mandelblättrige Wolfsmilch, Immenblatt und weitere.

Klebriger Salbei

Salvia glutinosa

40–100 cm, hellgelb, Laub aromatisch, Juli–Oktober
Lippenblütler (Lamiaceae)

Große herzförmige, zugespitzte, grob gezähnte, hellgrüne und weichfilzige Blätter schmücken bereits lange vor der Blüte. Diese entfaltet sich mit großen, blassgelben Lippenblüten im Spätsommer an den namengebend drüsig-klebrigen, stark aromatischen Blütenstängeln. In meist kalkreichen Wäldern und Säumen beheimatet, ist die Art in Deutschland am Hochrhein, Bodensee und im Alpenraum mit Vorland häufig, überschreitet die Donau aber nur knapp nordwärts.

Verwendung: Prachtvolle mit Laub und später Blüte dekorative und robuste Staude mit guter Solitärwirkung oder für Gruppenpflanzungen im Hintergrund, die sonnig wie auch tiefschattig reich blüht. Alte Volksheilpflanze mit insektenabweisenden ätherischen Ölen.

Weitere Arten: Einziger gelbblühender und schattenverträglicher Salbei in Mitteleuropa.

Gut zu kombinieren: Passend beispielsweise zu Diptam, Aufrechter Waldrebe, Glockenblumen, Braunem Storchschnabel, Kleiner Wiesenraute, Straußblütiger Margerite, Fingerhut und Alpen-Ziest.

Salbeiblättriger Gamander | Salbei-Gamander

Teucrium scorodonia

40–70 cm, blassgelb, Juni–August
Lippenblütler (Lamiaceae)

Herzförmige, stark runzlig-filzige, gezähnte und wintergrüne Blätter wachsen gegenständig am straff aufrechten, vierkantigen Stängel. Die sommerlichen, blassgelben Lippenblüten mit fehlender Oberlippe sitzen in endständigen Ähren. Gedeiht in lichten Wäldern, Säumen und Heiden auf trockenen, kalkarmen Böden. Die westeuropäische Art ist im Westen Deutschlands und der Schweiz häufig, nordöstlich der Elbe und in Bayern und Österreich aber nur sehr zerstreut vorkommend.

Verwendung: Gute Gruppenwirkung durch dichtes, wintergrünes Laub und sommerliche Blüte. Gedeiht im Garten auf allen Böden. Alte Volksheilpflanze, heute in der Homöopathie verwendet.

Weitere Arten: Ebenfalls wintergrün, aber mit kleineren, glänzenden Blättern, gedrungenem Wuchs und rosa Blüten präsentiert sich der Edel-Gamander (*Teucrium chamaedrys*, Seite 103).

Gut zu kombinieren: Passend beispielsweise zu Diptam, Aufrechter Waldrebe, Glockenblumen, Braunem Storchschnabel, Kleiner Wiesenraute, Immenblatt, Straußblütiger Margerite, Langblättrigem Hasenohr und Alpen-Ziest.

Kleine Wiesenraute

Thalictrum minus

30–120 cm, gelblich, Mai–Juni
Hahnenfußgewächse (Ranunculaceae)

Mehrfach gefiederte, blaugrüne und namengebende Rautenblättchen formen sich zu einem filigran wirkenden Blattwerk. Auf wenig verzweigten, kantig gerillten Stängeln sitzen die nicht minder zierlichen Blüten, die gattungstypisch keine Kronblätter, sondern nur gelbliche Staubbeutel zeigen.

Säume und buschige Hänge, oft über Felsen, bieten der Kleinen Wiesenraute Lebensraum. Die Verbreitung in Deutschland ist mit Schwerpunkten im Alpenraum, Donau-, Rhein-Maintal, in Nordost-Deutschland und auf den Ostfriesischen Inseln recht ungewöhnlich.

Verwendung: Eine zierliche Wildstaude mit viel Charme auf den zweiten Blick und guter Eignung für den Mittelgrund und als Solitär oder Gruppe. Alte Heilpflanze mit abführender Wirkung.

Weitere Arten: Sehr ähnlich ist die feindrüsige Stinkende Wiesenraute (*Thalictrum foetidum*) der Zentral- und Südalpen.

Gut zu kombinieren: Glockenblumen, Echte Katzenminze, Blauer Lattich, Purpur-Klee, Immenblatt, Langblättriges Hasenohr, Straußblütige Margerite, Fingerhut, Blutroter Storchschnabel und Alpen-Ziest geben gute Partner ab.

PFLANZEN FÜR DEN TIEFGRÜNDIG-HUMOSEN SCHATTEN

STANDORT

Der tiefgründig-humose Schatten ist ein bemerkenswert artenreicher Lebensraum mit einem ausgeprägten Blührhythmus. Zahlreiche Frühblüher nutzen die kurze Zeit guter Belichtung und Bodenwärme unter dem noch laublosen Schattendach der Gehölze. Mit der Laubentfaltung der Bäume beginnt der eher späte Austrieb hochwüchsiger Waldstauden und Farne, die bei genügender Bodenfrische oder -feuchtigkeit ein üppiges Blattwerk in den verschiedensten Grüntönen entwickeln.

CHARAKTER

Ein prachtvolles Schauspiel bieten die sich im Wochenrhythmus in der Blüte ablösenden Frühblüher wie Märzenbecher, Schneeglöckchen, Blaustern, Wald-Schlüsselblume, Buschwindröschen, Lerchensporn, Zahnwurz, Waldmeister und Bärlauch. Während die meisten davon bald wieder einziehen, entfalten sich mittelhohe Stauden wie Wald-Storchschnabel, Frühlings-Platterbse und Rote Waldnelke. Schließlich werden diese überragt von großblättrigen und hochwüchsigen Schattenstauden wie Eisenhut, Mondviole, Wiesenraute, Geißbart und Waldfarnen und entwickeln eine anmutige, strukturreiche Blattkulisse. Wintergrüne Farne und die grasartige Wald-Hainsimse sorgen für grüne Tupfer in der winterlich braunen Laubstreu.

BODEN UND LAGE

Der tiefgründig humose Schatten stellt sich zumeist unter Gehölzen ein, kann im Garten aber auch im Schatten von Gebäuden liegen. Tiefgründig humoser und lehmhaltiger Boden erlaubt bei standörtlich meist gegebener, genügender Boden- und Luftfeuchtigkeit die Entwicklung der skizzierten üppigen Schattenstaudenflur. Ebene Lagen werden bei genügender Humusdicke und Bodenfrische genauso gut besiedelt wie Steilhänge.

ZU BEACHTEN

Um die ausgeprägte Frühlingsblüte und den sommerlichen Blattschmuck zur vollen Entfaltung zu bringen, ist eine gemeinsame Pflanzung der entsprechenden Schattenstauden notwendig. Diese gelingt umso besser, je reifer (langsam zersetzende Laubstreu) und tiefgründiger der Boden und ungestörter der Standort ist. Starker Wurzeldruck bereits eingewachsener Gehölze kann die Ansiedlung von Stauden erschweren. Übergänge zu trockenem Schatten und weniger beschatteten Säumen sind in den meisten Gärten zu finden und sind in der Pflanzenwahl entsprechend zu berücksichtigen.

Wolfs-Eisenhut

Aconitum lycotonum (vulparia)

50–180 cm, blass- bis hellgelb, Mai–Juli, stark giftig
Hahnenfußgewächse (Ranunculaceae)

Die tief handförmig geteilten, frisch dunkelgrünen Blätter entwickeln eine anmutige Struktur, aus der sich die langen, beblätterten Stängel bogig oder aufrecht erheben. Zahlreiche blass- bis hellgelbe Blüten mit einem namengebend helmförmigen obersten Blumenblatt erblühen am Stängelende. Frische bis feuchte Wälder, Gebüsche und montane Hochstaudenfluren auf meist lehmreichen Böden bieten dem Gelben Eisenhut Heimat. In Deutschland wird nordwärts der Nordrand der Mittelgebirge erreicht, er fehlt im Erzgebirge.

Verwendung: Attraktives Laub und Blüten, kombiniert mit Robustheit und einer großen Schattenverträglichkeit, bescheren dem Gelben Eisenhut einen würdigen Platz als Solitär oder in einer Gruppenpflanzung im Hintergrund. Darf wegen der starken Giftigkeit (Hautkontakt mit dem Pflanzensaft vermeiden) nicht in der Nähe von Kleinkindern und im öffentlichen Raum verwendet werden.

Weitere Arten: Fein zerschlitzte Blätter und kräftiger zitronengelbe Blüten zeigt der im Südjura und den Südostalpen heimische Blassgelbe Eisenhut (*Aconitum anthora*), der trockenere und kalkreichere Böden bevorzugt. Tiefblaue Blüten und hohe Ansprüche an die Bodenfeuchtigkeit hat der Blaue Eisenhut (*Aconitum napellus*).

Gut zu kombinieren: Frühblüher, Wald-Storchschnabel, Rote Waldnelke, Bach-Nelkenwurz, Akelei, Mondviole, Akeleiblättrige Wiesenraute, Wald-Geißbart und Waldfarne geben gute Partner ab.

Gemeiner Frauenmantel

Alchemilla vulgaris

30–60 cm, gelbgrün, Mai–Juni
Rosengewächse (Rosaceae)

Die halbkreisförmigen, seicht fünf- bis elflappigen und randlich gezähnten Blätter bilden eine dichte, oft leicht bläulich schimmernde Decke, die mit oft abperlenden Tau- oder Regentropfen besonders attraktiv wirkt. Daraus erheben sich an niedrigen Stängeln zahlreiche kleine, gelbgrüne Blüten. Besiedelt werden frische bis feuchte Böden in luftfeuchten Lagen in Wäldern, Gebüschen, Säumen, Weiden und Hochstaudenfluren. Die Artengruppe mit zahlreichen ähnlichen Kleinarten ist in ganz Deutschland verbreitet, in Tieflagen selten bis fehlend.

Verwendung: Das attraktive und dichte Laub favorisiert den Frauenmantel für flächige Vordergrundpflanzungen. Wird als alte Heilpflanze bei Magen-Darm- und Frauenbeschwerden eingesetzt.

Weitere Arten: Kleinere, unterseits dicht silberhaarige Blätter zeigen die auf Silikat- bzw. Kalkfels der Alpen wachsenden Arten Alpen- und Verwachsener Frauenmantel (*Alchemilla alpina* und *conjuncta*).

Gut zu kombinieren: Eignet sich hervorragend zur Pflanzung in benachbarten Flecken des Vordergrundes mit Bach-Nelkenwurz vor höherwüchsigen Schattenstauden.

Busch-Windröschen

Anemone nemorosa

10–25 cm, weiß, März–April
Hahnenfußgewächse (Ranunculaceae)

Handförmig dreigeteilte, frisch dunkelgrüne Blätter formen im zeitigen Frühjahr große flache Teppiche. Darüber erheben sich die schalenförmigen, schneeweißen Blüten mit sechs bis zwölf Blumenblättern, die außen oft rosa überhaucht sind. Frische Böden in Laubwäldern, gelegentlich auch in Baumgärten und Wiesen. Ist in ganz Deutschland verbreitet und häufig.

Verwendung: Flächig wachsender Frühblüher mit einem eindrücklichen wie kurzzeitigen Blütenschauer. Kann sich ohne Störung zu großen Teppichen entwickeln, die nie störend in Konkurrenz zu anderen Stauden treten.

Weitere Arten: Das etwas seltenere Gelbe Windröschen (*Anemone ranunculoides*) mit denselben Standortansprüchen zeigt maisgelbe Blüten.

Gut zu kombinieren: Kann mit allen anderen Frühblühern und Schattenstauden gut zusammen verwendet werden.

Wald-Geißbart

Aruncus dioicus

100–200 cm, weiß, Juni, duftend
Rosengewächse (Rosaceae)

Die großen zwei- bis dreifach gefiederten und gezähnten Blätter sind frisch hellgrün und bauen stets mehrstänglig dichte und raumgreifende Blattstrukturen auf. Darüber erheben sich die bis zu halbmeterlangen aus zahlreichen Ährchen aufgebauten weißen Blütenstände. Die braunen, schlaff herabhängenden und lange haftenden Fruchtstände haben der Pflanze ihren Namen eingebracht. Wächst auf tiefgründig frisch-feuchten Böden in Wäldern und Schluchten. Die überwiegend montane Verbreitung umfasst in Deutschland Bayern, Baden-Württemberg, Pfälzer Wald und reicht nordostwärts zur Rhön, Thüringer Wald, Erzgebirge und Lausitz.

Verwendung: Die eindrückliche Gestalt, langhaftendes attraktives Laub und hübsche Blüten geben dem Wald-Geißbart eine buchstäblich überragende Rolle als Solitär oder Gruppenpflanzung für den Hintergrund. Junge Triebe können gekocht als Wildgemüse verwendet werden.

Weitere Arten: Die in allen Belangen kleinere Sumpf-Spierstaude (*Filipendula ulmaria*, Seite 87) weist in Blatt und Blüte Ähnlichkeit zum Wald-Geißbart auf.

Gut zu kombinieren: Ideal als Solitär zu flächigen Pflanzungen von Schattenstauden wie Wald-Storchschnabel, Akelei, Rote Waldnelke oder neben der Mondviole verwendbar.

Fünfblatt-Zahnwurz | Finger-Zahnwurz

Cardamine pentaphyllos

30–50 cm, hellviolett, April
Kreuzblütler (Brassicaceae)

Glänzende, fünfteilig gefiederte und gezähnte Blätter über unverzweigten Stängeln können großflächige Bestände bilden. Die leuchtend rosavioletten, vierteiligen Kreuzblüten sitzen in lockeren Rispen über dem Laub. Zieht nach dem Fruchten rasch ein. Gedeiht ausschließlich in kühlen Buchenmischwäldern über Kalkgestein. In der Schweiz und West-Österreich lokal häufig, in Deutschland werden nur die mittleren Kalkalpen und das südliche Baden-Württemberg besiedelt.

Verwendung: Eine der schönsten und hochwüchsigsten Frühblüher für kalkreiche Schattenstandorte. Die zahnartigen, weißen Rhizome brauchen Zeit, um sich zu etablieren und zur Blüte zu gelangen.

Weitere Arten: Weitere attraktive Zahnwurz-Arten mit beschränkten Verbreitungsgebieten sind die weiß blühende Siebenblatt- und die blassgelb blühende Vielblatt-Zahnwurz (*Cardamine heptaphylla* und *C. kitaibelii*).

Gut zu kombinieren: Passt zu anderen Zahnwurzarten und Frühblühern in Kombination mit allen später austreibenden Schattenstauden wie beispielsweise Wald-Storchschnabel, Vielblütiges Salomonssiegel, Wald-Geißbart, Mondviole oder Akeleiblättrige Wiesenraute.

Hohlknolliger Lerchensporn | Hohler Lerchensporn

Corydalis cava

15–30 cm, purpurviolett und weiß, duftend, April
Mohngewächse (Papaveraceae)

Doppelt dreiteilige und fingrig-fiedrige, auffällig blaugrüne Blätter schieben sich im März aus dem Boden, um nur 1 Monat später wieder vollständig einzuziehen. Wenn die Lerchen aus dem Süden zurückkehren, spornen (Name Lerchensporn!) die purpurvioletten und zu geringerem Anteil schneeweißen Blüten, die einen intensiven Zimtduft entwickeln können. Während 11 Monaten im Jahr verharrt die Pflanze in der walnussgroßen, hohlen Wurzelknolle. Gedeiht in oft großen Beständen in kalkreichen Laubwäldern, vorzugsweise im Rieselschutt luftfeuchter Schluchten. In ganz Deutschland verbreitet, im Tiefland und in bodensauren Mittelgebirgen aber meist fehlend.

Verwendung: Eine der prachtvollsten Frühblüher für Schattenbereiche, der wegen des raschen Einziehens mit spät austreibenden Schattenstauden kombiniert werden sollte. Braucht viel Zeit, um größere Bestände zu entwickeln.

Weitere Arten: Sehr ähnlich ist der nicht duftende Festknollige Lerchensporn (*Corydalis solida*), der den Hohlknolligen Lerchensporn in bodensauren Lagen des Südwestens und um Dresden ersetzt und in Berlin und Hamburg verwildert ist.

Gut zu kombinieren: Kann mit allen anderen Frühblühern und spät austreibenden Waldschattenstauden wie beispielsweise Wald-Ziest, Wald-Storchschnabel, Vielblütiges Salomonssiegel, Wald-Geißbart, Mondviole oder Akeleiblättrige Wiesenraute gemeinsam gepflanzt werden.

Echter Waldmeister

Galium odoratum

10–30 cm, weiß, duftend, April–Mai
Rötegewächse (Rubiaceae)

Durch seine meist in großen Beständen erscheinenden, sattgrünen und zu sechs bis acht auffällig quirlständigen stehenden Blätter unverwechselbar. Die kleinen, weißen Blüten erscheinen in dichten Doldenrispen. Besonders die bald einziehenden, vergilbenden Blätter können einen intensiven Heugeruch verströmen. Gedeiht in oft großen Beständen in tiefgründigen Laubwäldern, gerne in Rotbuchenwäldern. In ganz Deutschland verbreitet.

Verwendung: Ein durch Laub und Blüte attraktiver Frühblüher mit guter Gruppenwirkung für humose Schattenbereiche. Wird wegen seinem Gehalt an anregendem Taurin auch für die legendäre Maibowle verwendet, was wegen der schlechten Dosierbarkeit nicht ungefährlich ist.

Weitere Arten: Ähnlich, aber in Blatt und Blüte größer ist der Turiner Waldmeister (*Asperula taurina*), in Deutschland wild fehlend, aber in der Schweiz und Österreich für warme Lagen in Föhntälern der Alpen kennzeichnend.

Gut zu kombinieren: Kann gut mit anderen Frühblühern und spät austreibenden Waldschattenstauden kombiniert werden. Besonders hübsch wirkt die Kombination mit der meist gleichzeitig blau blühenden Gemeinen Akelei, der Roten Waldnelke und der Bach-Nelkenwurz.

Wald-Storchschnabel

Geranium sylvaticum

30–60 cm, rot- bis blauviolett, Mai–Juni
Storchschnabelgewächse (Geraniaceae)

Die vielzipfligen, tief fünf- bis siebenteiligen, dunkelgrünen Blätter formen attraktive Blattdome. Die in der Mitte weiß gezeichneten, rot- bis blauvioletten Blüten entfalten sich über einen längeren Zeitraum. Wächst in frischfeuchten, tiefgründigen Laubwäldern und auf spät geschnittenen Bergwiesen. Gedeiht als montan verbreitete Art in den Alpen und allen höheren Mittelgebirgen, fehlt dagegen in tieferen Lagen Deutschlands vollständig.

Verwendung: Dekoratives, im Herbst oft rot verfärbendes Laub und hübsche Blüten über einen langen Zeitraum erscheinend, machen den Wald-Storchenschnabel zu einer der attraktivsten Stauden tiefgründiger, lehmreicher Schattenlagen, wo er solitär oder in Gruppen eine sehr gute Wirkung erzielt.

Weitere Arten: Ähnlich, mit noch höherem Blauanteil in der Blüte, aber lichtbedürftig ist der Wiesen-Storchschnabel (*Geranium pratense*, Seite 93). Auf feuchteren Böden mit magenta Blüten fühlt sich der Sumpf-Storchschnabel (*Geranium palustre*) wohl.

Gut zu kombinieren: Der Wald-Storchschnabel kann gut im Wechsel mit Frühblühern des Waldschattens, zusammen mit Bach-Nelkenwurz oder im Vordergrund hochwüchsiger Stauden wie Wald-Geißbart, Akeleiblättrige Wiesenraute, Mondviole, Eisenhut, Arznei-Baldrian oder Waldfarnen verwendet werden.

Wilde Mondviole | Ausdauerndes Silberblatt

Lunaria rediviva

30–120 cm, helllila, duftend, Mai–Juni
Kreuzblütler (Brassicaceae)

Die hellgrünen, großen und herzförmigen Blätter gruppieren sich um die meist vielstänglige Staude. Die süß duftenden, helllila Blüten erscheinen Anfang Mai mit einzelnen Nachblüten. Auch im Winterhalbjahr durch die silbern schimmernden Fruchtzwischenwände attraktiv. Spezialisierter Besiedler luftfeuchter Schluchtwälder mit feinem Rieselschutt, wo nur der Mond, aber nie die Sonne scheint (Name!). Gedeiht als montan verbreitete Art in den Alpen und kalkreichen Mittelgebirgen und deren Vorhügeln, ohne das Tiefland zu erreichen.

Verwendung: Ungeachtet ihrer spezialisierten Wildherkunft, erweist sich die Mondviole im schattig-humosen Garten als robuster und langlebiger Solitär mit ausgesprochen dekorativem Laub, Blüte und Frucht.

Weitere Arten: Viel bekannter ist die kurzlebige, duftlose Garten-Mondviole (*Lunaria annua*) aus Südosteuropa.

Gut zu kombinieren: Die spät austreibende Mondviole kann als ganzjährig dekorativer Solitär sehr gut mit allen Frühblühern des Schattens, aber auch mit den meisten Waldstauden und Farnen gepflanzt werden. Besonders hübsch ist die Benachbarung mit der gleichzeitig blühenden Roten Waldnelke, Wald-Storchschnabel und den feinlaubigen Arten Wald-Geißbart, Quirlblättriges Salomonssiegel und Akeleiblättrige Wiesenraute.

Vielblütiges Salomonssiegel | Weißwurz

Polygonatum multiflorum

30–60 cm, weiß, Mai–Juni, dunkelblaue Beere
Spargelgewächse (Asparagaceae)

Die eiförmigen, parallelnervigen Blätter sitzen wechselweise am unverzweigten, bogig überhängenden Stängel, der dadurch unverwechselbar ist. Die zwei bis fünf grünzipfligen, weißen Blütenglöckchen hängen an dünnen Stielen. Im Herbst kontrastieren die dunkelblauen Beeren mit dem strohfarbenen Laub. Häufiger Begleiter aller Laubwälder in ganz Deutschland.

Verwendung: Das Salomonssiegel ziert mit seinem bogigen Wuchs, Blüten und der farbig auffälligen Herbstwirkung. Gedeiht problemlos in jedem humosen Schatten und vermehrt sich langsam zu kleinen Gruppen. Alte Volksheilpflanze mit starken Nebenwirkungen.

Weitere Arten: Sehr ähnlich, aber kleiner, einblütig, bläulich belaubt und an trocken-sonnigen Kalkfelshängen beheimatet ist das Echte Salomonssiegel (*Polygonatum odoratum*). Im Waldschatten der Alpen und Mittelgebirge gedeiht das straff aufrechte, rotbeerige Quirlblättrige Salomonssiegel (*Polygonatum verticillatum*).

Gut zu kombinieren: Gute Solitär- und Kleingruppenwirkung, besonders in Benachbarung niederwüchsiger Frühblüher wie Waldmeister, Goldnessel, Bach-Nelkenwurz oder Akelei.

Echtes Lungenkraut | Geflecktes Lungenkraut

Pulmonaria officinalis

10–30 cm, von rotlila zu blauviolett wechselnd, April
Raublattgewächse (Boraginaceae)

Langovale, raufilzige Blätter, oft unregelmäßig hell gefleckt, bilden am Waldboden auch nach der Blüte lockere Gruppen. Die knapp über dem Laub erscheinenden, fünfzipfligen Blüten färben sich von rosalila abblühend zu blauviolett. Auf frischen, lehmreichen Waldböden in ganz Deutschland. Meidet die Tiefländer um Weser und Elbe, erscheint aber in der ostseenahen Moränenlandschaft.

Verwendung: Schön blühender Frühblüher für lehmreichen Schatten. Die volksmedizinische Verwendung als schleimlösende und reizmildernde Heilpflanze ist heute selten geworden.

Weitere Arten: Bildet mit nah verwandten Kleinarten eine schwer unterscheidbare Artengruppe, daneben weitere, ebenfalls sehr ähnliche Arten.

Gut zu kombinieren: Besonders hübsch wirkt die Benachbarung mit den gleichzeitig blühenden Frühblühern Wald-Schlüsselblume, Busch-Windröschen, Gold-Hahnenfuß und Frühlings-Platterbse.

Rundblättriger Steinbrech

Saxifraga rotundifolia

20–50 cm, weiß, Juni
Steinbrechgewächse (Saxifragaceae)

Die stark gezähnten, rundlich bis nierenförmigen, hellgrünen Blätter werden dem aufrechten, spärlich verzweigten Stängel nach oben folgend immer kleiner. Die zahlreichen, sternförmigen, weißen Blüten zeigen feine rote Tupfen, die nach erfolgter Bestäubung gelb verblassen. Auf feuchten, lehmreichen Waldböden in den Alpen und im Jura.

Verwendung: Als einziger Vertreter der Steinbrechgewächse in schattigen Bergwäldern beheimatet, wirkt der Rundblättrige Steinbrech im Garten auf frischfeuchten Lehmböden in Gruppenpflanzung ausgesprochen filigran. Früher als Lungenheilpflanze genutzt.

Weitere Arten: Die anderen heimischen Steinbrecharten besiedeln, überwiegend niederwüchsig, felsige oder quellige Lebensräume.

Gut zu kombinieren: Passt gut zu Braunem und Wald-Storchschnabel, Akelei und Roter Waldnelke, Vielblütigem und Quirlblättrigem Salomonssiegel.

Zweiblättriger Blaustern

Scilla bifolia

10–25 cm, blau, März–April
Spargelgewächse (Asparagaceae)

Zwei glänzende, lang linealische, parallelnervige Blätter werden bald vom traubigen Blütenstand mit sechszipfligen, blauen Blütensternen überragt. Auf frischen, kalkreichen Waldböden in Laubwäldern, Flussauen und selten auch Obstgärten. Kommt in der Südhälfte Deutschlands wild vor, nordwärts bis Bonn und Main, isoliert auch bei Naumburg und Dessau.

Verwendung: Kurz nach Schneeglöckchen und Märzenbecher erscheint der Blaustern als erster blau blühender Frühlingsbote im Schattengarten. Bei zusagenden Bodenverhältnissen vermag sich die zierliche Art mit Brutzwiebeln langsam auszubreiten.

Weitere Arten: In Gärten viel häufiger anzutreffen ist der osteuropäisch-sibirische Blaustern (*Scilla sibirica*) mit zwei bis vier, breiteren Blättern.

Gut zu kombinieren: Passt gut zu allen anderen Frühblühern und spät austreibenden Schattenstauden. Manchmal blühen Wald-Schlüsselblume und Blaustern gleichzeitig und geben zusammen ein hübsches Bild ab.

Akeleiblättrige Wiesenraute

Thalictrum aquilegifolium

40–140 cm, zart lilarosa bis weiß, duftend, Mai–Juni
Hahnenfußgewächse (Ranunculaceae)

Die kahlen, blaugrünen Blätter sind ein- bis dreifach gefiedert und gleichen denjenigen der Akelei. Die verzweigte, straff aufrechte Staude trägt einen rispigen Blütenstand mit zahllosen Blüten, denen Kronblätter fehlen und von denen nur die zahlreichen Staubfäden sichtbar sind. Gedeiht auf lehmreichen, frischfeuchten Böden in Auenwäldern, Hochstaudenfluren und im Grünerlengebüsch. In Deutschland nur im Hochrheintal, in Württemberg, dem Süden und Osten Bayerns, im Thüringer Wald und Sachsen verbreitet, isoliert auch im Odertal.

Verwendung: Durch filigrane Blätter und Blüten eine der schönsten Wildstauden für den humosen Schatten, als Solitär oder in Kleingruppen verwendbar. Braucht einige Jahre Zeit zur vollen Entwicklung. Früher als Volksheilmittel gegen das Wechselfieber (Malaria) verwendet.

Weitere Arten: Die hochwüchsige Gelbe Wiesenraute (*Thalictrum flavum*) mit hellgelben Blüten gedeiht in Auen und Sumpfwiesen der großen Stromtäler und wächst im Garten gut auf schweren Lehmböden.

Gut zu kombinieren: Die Akeleiblättrige Wiesenraute kann mit allen Frühblühern des Schattens gepflanzt werden und passt auch hervorragend zu niedrigen mittelhohen Schattenstauden wie Frauenmantel, Bach-Nelkenwurz, Akelei, Wald-Storchschnabel, Rundblättriger Steinbrech und Salomonssiegel.

PFLANZEN FÜR DIE SONNIG-SCHATTIGE TROCKENMAUER

STANDORT

Die Trockenmauer entspricht im Wesentlichen einem künstlichen Felsen mit einer entsprechenden Felsspaltenvegetation. Diese unterscheidet sich einerseits in eine artenreiche Ausbildung über Kalkfels und eine, im Tiefland ausgesprochen artenarme, Ausprägung über sauren Gesteinen, andererseits sehr augenfällig in eine sonnige Felsspaltenflur mit bunt blühenden, oft polsterförmigen Wildstauden und der von spezialisierten Farnen und Moosen geprägten Schattenseite. Die Mauerkrone entspricht bei vorhandenen Spalten mit Kies- oder Splittfüllung dem trocken-heißen Kiesstandort.

CHARAKTER

Die Felsspaltenvegetation kalkreicher, sonniger Trockenmauern wird naturgemäß von überwiegend niederwüchsigen und kleinblättrigen Polsterpflanzen geprägt mit einer angesichts des kargen Standortes oft überraschenden Fülle leuchtender Blüten. Die schattige, kalkreiche Trockenmauer ist dagegen geprägt vom differenzierten Grün der Moose und Felsspaltenfarne wie Hirschzunge, Streifenfarne oder Blasenfarn, die sich bei hoher Luftfeuchtigkeit üppig entwickeln können. Deshalb werden hier ausnahmsweise auch zwei Farne innerhalb des Wildstauden-sortimentes dieses Buches beschrieben. Nur wenige Blütenpflanzen wie Zwerg-Glockenblume, Stein-Baldrian oder Aurikel setzen in schattigen Mauerspalten Blütentupfer.

BODEN UND LAGE

Der Boden besteht grundsätzlich aus kies- oder splittgefüllten Spalten zwischen den Steinblöcken. Deren Tiefe und Ausdehnung entscheiden über das Wuchspotenzial der eingesetzten oder mit der Zeit spontan versamenden Felsspaltenpflanzen. Dabei entscheidet die Besonnung über ein sonniges oder schattiges Potenzial der verwendbaren Stauden. In Gartenmauern gepflanzt können einige der in der Natur ausschließlich über Kalkfels gedeihenden Wildstauden überdies in Mauerspalten saurer Gesteine überleben – wenn auch größtenteils mit deutlich reduzierter Vitalität.

ZU BEACHTEN

Von der ersten Mauerspaltenbepflanzung, die ich ausgeführt habe, hat nicht eine Pflanze überlebt: Zu wenig beachtet habe ich die Austrocknungsgefahr durch luftgefüllte Hohlräume ohne genügende Substratfüllung. Die zu bepflanzenden Mauerspalten müssen durch sorgfältige Handarbeit zwingend mit mineralischem Substrat vollständig gefüllt sein, um den Pflanzen ein Überleben in extremer Sommertrockenheit zu gewährleisten. Die Spalten dürfen nicht mit Humus gefüllt werden, da sonst rasch ein Missverhältnis zwischen schnellem Blatt- und langsamem Wurzelwachstum entsteht. Überdies müssen die Spalten stets gut entwässert sein, da Staunässe für alle Arten der Felsspaltenfluren tödlich ist. Gut verwurzelte Mauerspaltenstauden sind extrem dürreresistent, in den ersten 2 Jahren nach der Pflanzung mit noch schwach entwickeltem Wurzelwerk jedoch sehr empfindlich gegenüber Wassermangel.

Berg-Steinkraut

Alyssum montanum

5–25 cm, gelb, duftend, März–April
Kreuzblütler (Brassicaceae)

Durch Sternhaare silbergraue, schmalovale Blättchen bilden dichte, niederliegende Polster. Die süß duftenden, leuchtend zitronengelben Kreuzblüten stehen im Vorfrühling dicht traubig über den Blattpolstern. Im Südwesten gedeiht das Berg-Steinkraut ausschließlich in sonnigen Kalkfelsspalten, beispielsweise im Jura und der Schwäbischen Alb. Im Rheintal und dem Nordosten werden auch kalksandreiche Steppenrasen besiedelt, wobei die Art in Deutschland nordwärts das Nahe-, Elb- und Odertal erreicht.

Verwendung: Die silbergrauen Blattpolster, im schönen Kontrast mit den leuchtend gelben Blüten, wirken auch außerhalb der frühen Blütezeit zierend.

Weitere Arten: Viel häufiger sind in Gärten das ostmediterrane Felsen-Steinkraut (*Aurinia saxatilis*) und das aus dem Balkan stammende Mauer-Steinkraut (*Alyssum murale*) zu sehen, beide höherwüchsig und im Blütenstand verzweigt.

Gut zu kombinieren: Kann mit allen anderen Felsspaltenpflanzen der Trockenmauerspalten vereint werden.

Braunstieliger Streifenfarn

Asplenium trichomanes

5–30 cm, Farn
Streifenfarngewächse (Aspleniaceae)

Die rundovalen, gezähnten Blättchen stehen einfach gefiedert entlang des dünnen, auffällig rot- oder schwarzbraunen Stängels. Zahlreiche Blattwedelchen gruppieren sternförmig zu zierlichen Farnpflanzen in Felsritzen. Der Braunstänglige Streifenfarn ist die häufigste und verbreiteste Art der Gattung in Mitteleuropa und kommt fast überall vor, wo kalkreiche bis kalkarme, eher schattige Felsritzen, sekundär auch Mauerspalten zu finden sind.

Verwendung: Der zierlichste Farn für schattige Trockenmauern mit wintergrünen Blattwedelchen, der sich an zusagenden Stellen bald spontan ausbreitet und ungestört mit der Zeit ansehnliche Kolonien bilden kann. Alte Zauberpflanze.

Weitere Arten: Sehr ähnlich ist der nur auf Kalkgestein vorkommende Grünstielige Streifenfarn (*Asplenium viride*) und die feinblättrige Mauerraute (*Asplenium ruta-muraria*), die auch Fels- und Mauerspalten in voller Sonne besiedeln kann.

Gut zu kombinieren: Charakterart schattiger Trockenmauern, gerne zusammen mit Hirschzunge, Blasenfarn, Stein-Baldrian, Aurikel und Zwerg-Glockenblume.

Zwerg-Glockenblume | Niedliche Glockenblume

Campanula cochleraiifolia

5–15 cm, hell- bis lilablau, Juni–Juli
Glockenblumengewächse (Campanulaceae)

Bildet mit kleinen, gezähnten eirunden bis schmal lanzettlichen Blättern dichte Rasen, die entlang der Mauerspalten kriechen können. Neben häufigen sterilen Trieben entfaltet die Zwerg-Glockenblume im Sommer eine Vielzahl meist einzeln auf aufrechtem Stängel stehende und nickende Glöckchen. Besiedelt kalkreiche Felsen, Mauern und Flusskies von voller Sonne bis zu tiefstem Schatten. In den Alpen und deren Vorland überall häufig, werden in Deutschland darüber hinaus nur Hegau, Schwäbische Alb und Schwarzwald besiedelt.

Verwendung: Ihre Eleganz, späte und reiche Blüte, gepaart mit extremer Genügsamkeit und einem Wuchsspektrum von voller Sonne bis zu tiefem Schatten und in Gartenmauern auch einer gewissen Toleranz gegenüber sauren Gesteinen, machen die Zwerg-Glockenblume zu einem unentbehrlichen Juwel für Trockenmauern.

Weitere Arten: Deutlich größer und mit kräftiger gefärbten Blüten zeigt sich die auch in Mauerspalten gut verwendbare Rundblättrige Glockenblume (*Campanula rotundifolia,* Seite 66). In Gärten viel verbreiteter sind die beiden aus Dalmatien stammenden, tief violettblau blühenden Arten *Campanula portenschlagiana* und *poscharskyana* zu finden.

Gut zu kombinieren: Alle Arten der Trockenmauern und -standorte.

Stein-Nelke | Felsen-Nelke

Dianthus sylvestris

10–30 cm, rosa, würzig duftend, Juni–Juli
Nelkengewächse (Caryophyllaceae)

Die grasartig linealischen Blätter formen einen grundständigen Blattschopf. Daraus erhebt sich ein Bündel stets einköpfiger Blütenstängel mit typischen, am Rande gefransten, rosa Nelkenblüten mit starkem Wohlduft. Gedeiht auf meist kalkreichen Felshängen und in felsigen Trockenrasen. In den Alpen der Schweiz und Österreichs sowie im Schweizer Jura häufig, werden in Deutschland nur die Allgäuer Alpen besiedelt.

Verwendung: Die filigranen Blattschöpfe und die leuchtenden, würzig duftenden Blüten machen die Stein-Nelke zu einem unentbehrlichen Schmuck für Trockenmauern und trockenheiße Kiesstandorte.

Weitere Arten: Sehr ähnlich ist die stark gefährdete, auch in Süd- und Mitteldeutschland beheimatete Pfingst- oder Grenobler-Nelke (*Dianthus gratianopolitanus*). Mehrköpfige, aber duftlose, purpurrote Blüten zieren die viel verbreitetere Karthäuser-Nelke (*Dianthus carthusianorum*).

Gut zu kombinieren: Die Stein-Nelke ergänzt fast alle Wildstauden der Mauerspalten und -kronen in idealer Weise, insbesondere Rundblättrige Glockenblume, Hufeisenklee, Wundklee, Gipskraut, Blutroter Storchschnabel, Blauer Lattich und Berg-Kronwicke.

Immergrünes Felsenblümchen | Hungerblümchen

Draba aizoides

5–10 cm, gelb, duftend, Februar–April
Kreuzblütler (Brassicaceae)

Dichte, immergrüne und glänzende Pölsterchen mit zahlreichen bewimperten und nadligen Blättern formen eine halbkuglige Polsterpflanze. Sehr zeitig im Frühjahr erblühen die leuchtend gelben, honigduftenden Kreuzblütchen. Gedeiht in vollsonnigen Kalkfelspalten auch tieferer Lagen der Schwäbischen sowie Fränkischen Alb, dem Jura und den Kalkalpen.

Verwendung: Die zierenden, immergrünen Blattpolster wirken in Mauerspalten ganzjährig hübsch, die frühe gelbe Blüte setzt einen willkommenen Höhepunkt in den blütenarmen Vorfrühling.

Weitere Arten: In den Alpen existiert ein gutes Dutzend weiterer, weiß oder gelb blühender Arten der Gattung Hungerblümchen (*Draba*), die aber alle nicht den Gartenwert des auch in tiefen Lagen robusten Immergrünen Hungerblümchen erreichen.

Gut zu kombinieren: Kann mit allen anderen Felsspaltenpflanzen der Trockenmauerspalten gemeinsam gepflanzt werden, nur die direkte Benachbarung mit stärker wachsenden Arten wie etwa Hufeisenklee oder Rotem Seifenkraut ist aus Konkurrenzgründen nicht zu empfehlen.

Leberbalsam | Alpenbalsam

Erinus alpinus

2–20 cm, rosa, duftend, Juni–Juli
Wegerichgewächse (Plantaginaceae)

Winzige, spatelförmige Blättchen formen dicht dem Stein aufliegende, zierliche Pölsterchen. An kurzen Stielen erscheinen im Frühsommer zahlreiche, lebhaft rosa gefärbte, zart duftende Blütchen. Der Leberbalsam gedeiht auf Kalkfelsen und deren Schutt auch in tiefen Lagen. Die westalpine Art ist im Schweizer Jura und den Nördlichen Kalkalpen ostwärts bis zum Fürstentum Liechtenstein häufig, in Österreich ausgestorben und in Deutschland fehlend.

Verwendung: Die Blattpölsterchen mit ihrem reichen Blütenschmuck sind kurzlebig, sorgen jedoch durch Selbstaussaat stets für Nachkommen, ohne je lästig zu werden.

Weitere Arten: Keine verwandten oder ähnliche Arten in Mitteleuropa, die einzige weitere Art der Gattung *Erinus* gedeiht nur im Hohen Atlas von Marokko.

Gut zu kombinieren: Der zierliche Leberbalsam ist ein idealer Partner für alle Wildstauden der Trockenmauern, da er sich durch Versamung stets selbstständig zusagende Plätzchen außerhalb der Konkurrenz stärkerer Arten sucht.

Hirschzunge

Phyllitis scolopendrium

20–60 cm, Farn
Streifenfarngewächse (Aspleniaceae)

Die glänzend moosgrünen, ungeteilten Farnwedel mit einem tropisch anmutenden Flair sind so unverwechselbar wie ihr Standort: felsige und luftfeuchte Schluchten. Auf der Blattunterseite der wintergrünen Blätter fallen pelzig karamellbraune, strichförmige Sori (Sporenbehälter) auf. Die Hirschzunge gedeiht meist auf kalkreichen, schattigen und luftfeuchten Felsen mit deutschen Schwerpunkten im Alpenvorland, Schwäbischer Alb und Rheinischem Schiefergebirge, sie kommt im Erzgebirge lokal aber auch auf sauren Gesteinen vor.

Verwendung: Unentbehrlicher, attraktiv wintergrüner Farn mit sternförmig ausgebreiteten Blattwedeln, der auch im Garten am besten eingeklemmt zwischen Steinen oder in Trockenmauern im tiefsten Schatten gedeiht. In der Homöopathie bei Gallen- und Leberleiden verwendet.

Weitere Arten: Die unverwechselbare Art hat in Mitteleuropa keine näheren Verwandten, wohl aber in den Subtropen und Tropen.

Gut zu kombinieren: Charakterart schattiger Trockenmauern, gerne zusammen mit Streifenfarnen, Blasenfarn, Gelapptem Schildfarn, Stein-Baldrian und Zwerg-Glockenblume.

Aurikel

Primula auricula

5–20 cm, leuchtend gelb, duftend, Mai–Juni
Primelgewächse (Primulaceae)

Große, ledrige und auffällig blaugrüne Blätter stehen in einer grundständigen Rosette. Daraus schiebt sich im Mai eine einseitswendige Blütentraube mit stark duftenden, leuchtend gelben Primelblüten. Die Aurikel gedeiht in Kalkfelswänden, in tiefen Lagen gerne im Schatten, in höheren Lagen auch vollsonnig. In den nördlichen Kalkalpen häufig, lokal auch im Jura und Schwarzwald und als Flußschwemmling in Kiesauen Bayerns vorkommend.

Verwendung: Die schöne und wohlduftende Blüte setzt einen Höhepunkt auf die hübsche und auffällige, ganzjährig blaugrüne Blattrosette.

Weitere Arten: Die übrigen Felsenprimeln in Mitteleuropa sind auf die Alpen beschränkt, rosa blühend und in Gartenkultur meist sehr anspruchsvoll.

Gut zu kombinieren: Die Aurikel kann als eine der wenigen Felsspaltenbewohner farbige Blütentupfer auch in schattige Trockenmauern des Tieflandes zaubern. Gute Nachbarn sind Zwerg-Glockenblume, Leberbalsam, Felsen-Baldrian und Streifenfarne.

Berg-Heilwurz | Hirschheil

Seseli libanotis

20–120 cm, weiß, aromatisch, Juli–August
Doldenblütler (Apiaceae)

Regelmäßig doppelt gefiederte, grau- bis dunkelgrüne und aromatische Blätter sind für die Berg-Heilwurz so typisch wie für viele Doldenblütler. Die weißen Blütendolden können im Aufblühen einen Hauch Rosa zeigen und weisen dünne Hüll- und Hüllchenblätter auf. Die Heimat der Berg-Heilwurz sind trockenwarme, kalkreiche Felsen. In Deutschland umfasst die sehr lückige Verbreitung die Kalkalpen und deren Vorland, kalkreiche Mittelgebirge nordwärts bis ins Weserbergland und isoliert die Ostseeküste.

Verwendung: Die vergleichsweise hochwüchsige Art eignet sich vor allem als dekorativer Solitär für vollsonnige Mauerkronen. Altes Volksheilmittel, wegen der Verwechslungsgefahr mit stark giftigen Doldenblütlern wird von der Verwendung abgeraten.

Weitere Arten: Die in Erscheinung und Ansprüchen ähnlichsten Arten der oft schwer unterscheidbaren Doldenblütler sind Hirschwurz und Berg-Haarstrang (*Peucedanum cervaria* und *oreoselinum*) mit einem Wuchsoptimum in trockenwarmen Säumen.

Gut zu kombinieren: Passt gut in die Gesellschaft anderer Mauerkronensolitäre wie Berg-Kronwicke, Stein-Nelke, Kugelköpfiger Lauch, Blauer Lattich, Hufeisenklee und Blutroter Storchschnabel.

Stein-Baldrian | Dreiblatt-Baldrian

Valeriana tripteris

10–40 cm, fahllila bis rosaweiß, April–Juni
Geißblattgewächse (Caprifoliaceae)

Herzförmige, dunkelgrüne Blätter bilden eine grundständige Rosette, während die gegenständigen Stängelblätter bis zum Grund dreiteilig sind. Der schirmförmige Blütenstand zeigt zahlreiche blasslila bis rosaweiße Blütchen. Besiedelt werden schattige, eher feuchte, kalkreiche bis kalkarme Felsen in den nördlichen Kalkalpen, auf der Schwäbischen Alb, im Schwarzwald und Jura.

Verwendung: Eine der wenigen Wildstauden für schattige Fels- und Mauerspalten mit filigranem Wuchs und früher Blüte.

Weitere Arten: Sehr ähnlich, mit ungeteilten Stängelblättern und nur auf Kalkfels vorkommend, ist der in Deutschland auf die Kalkalpen beschränkte Berg-Baldrian (*Valeriana montana*).

Gut zu kombinieren: Gute Partner sind Aurikel, Zwerg-Glockenblume, Leberbalsam, Hirschzunge und Streifenfarne.

PFLANZEN FÜR FEUCHTZONEN UND FEUCHTE GRÄBEN

STANDORT

Feuchtzonen treten in Gärten meist als gewollt angelegte Ufersäume von Gartenteichen oder als lineare Feuchtgräben auf, die häufig der Dachwasserversickerung dienen. Die Senken liegen naturgemäß tiefer als das trockene Umland auf undurchlässigem Tonboden oder häufiger auf künstlich wasserstauender Teichfolie. Temporär, bei Starkregen durch abgeleitetes Dachwasser führende Feuchtgräben können auch in den versickerungsfähigen Untergrund eingetieft sein.

CHARAKTER

Das eindrücklichste Bild bieten Feuchtzonen im Garten oft in der Zeit spätsommerlicher Trockenheit. Während im Blattkleid der Umgebung Gelbbraun dominiert, zeigen die Feuchtzonen ein unverändert vital grünes Blattkleid und spätblühende Arten wie Blut-Weiderich, Färber-Scharte oder Teufelsabbiss sorgen für bunte Blütentupfer. Der Charakter und die Artenzusammensetzung der Feuchtzonen sind stark abhängig von der Dauer, Häufigkeit, Spiegelhöhe und Nährstoffgehalt des Wasserstandes. Im Gegensatz zur dauernd überschwemmten Nasszone des Teiches benötigen die meisten Wildstauden der Feuchtzone eine zumindest temporäre Trockenzeit mit tieferem Wasserstand, die eine zeitweilige Durchlüftung des Bodens erlaubt.

BODEN UND LAGE

In den meisten Fällen ist der Boden mit Ton oder Teichfolie künstlich abgedichtet, beim Feuchtgraben mit der Aufgabe der Dachwasserversickerung muss eine mäßige Durchlässigkeit durch Kies oder Sandanteil gewährleistet sein. Die spannendste Lage für eine Feuchtzone sind natürliche oder künstlich angelegte Senken mit einem natürlich abdichtenden Tonboden.

ZU BEACHTEN

Aus wassertechnischer Sicht völlig zu Recht versucht man bei Garten- und Schwimmteichen, den Nährstoffgehalt des Wassers tief zu halten, indem kein Humus zugegeben wird. Dies steht häufig nicht im Einklang mit höheren Nährstoffbedürfnissen mancher Wildstauden der Feuchtzonen, die im rein mineralischen Substrat des Gartenteiches dann entsprechend kümmerlich wachsen. Auch an diesem Standort hilft eine geschickte Kombination von Frühblühern wie Sumpf-Dotterblume, Schachbrettblume, Wald-Schlüsselblume mit Sommer- und Spätblühern für einen abwechslungsreichen und lang anhaltenden Blütenaspekt.

Sumpf-Schafgarbe

Achillea ptarmica

30–80 cm, weiß, aromatisch, Juli–August
Korbblütler (Asteraceae)

Ungeteilte, schmal lanzettliche, dunkelgrüne und aromatische Blätter sitzen am meist erst im Blütenstand verzweigten Stängel. Dieser zeigt zahlreiche, weiße Blüten in rispigem Blütenstand, die cremefarbenen Röhrenblüten sind von kurzen, reinweißen Zungenblüten umgeben. Besiedelt Feuchtwiesen und Flachmoore in ganz Deutschland und fehlt nur in den trockenwärmsten Gebieten.

Verwendung: Zierendes Laub und spätsommerliche Blüten sorgen, in Kleingruppen gepflanzt, für einen hohen Gartenwert. Wildgemüse und Heilpflanze mit stark wechselnden Wirkstoffgehalten.

Weitere Arten: Zusammen mit der in subalpinen Hochstaudenfluren beheimateten Großblättrigen Schafgarbe (*Achillea macrophylla*) sind dies die einzigen heimischen, mittel- und hochwüchsigen Schafgarben, die nicht in trockenwarmen Lebensräumen gedeihen.

Gut zu kombinieren: Ergänzt sich gut mit zahlreichen Feuchtwiesenpflanzen wie Bach-Nelkenwurz, Sibirische Schwertlilie, Echter Wiesenknopf, Trollblume, Blut-Weiderich oder Schlangen-Knöterich.

Wohlriechender Lauch

Allium suavolens

30–70 cm, rosaweiß bis lila, duftend, August–September
Amaryllisgewächse (Amaryllidaceae)

Schmale, linealische und etwas fleischige Blätter mit charakteristischem Laucharoma bilden eine grundständige Rosette, aus der sich ein schlanker, runder Stängel erhebt. Dieser trägt im Spätsommer bis Frühherbst an der Spitze einen lauchtypischen, kugligen Blütenstand mit zahlreichen, sechsteiligen, rosaweißen bis zartlila wohlduftenden Blüten. Gedeiht in kalkreichen Feuchtwiesen und (wechselfeuchten) Flachmooren im Alpenvorland und Allgäu sowie im westlichen Bodenseegebiet.

Verwendung: Dank der sehr späten, duftenden Blüte und schlanken Gestalt sehr wertvoll in dichten Kleingruppen gepflanzt auf feuchten Lehmböden. Essbar.

Weitere Arten: Ähnlich mit rosalila Blüten im Spätsommer ist der in großen Flusstälern beheimatete Kantige Lauch (*Allium angulosum*).

Gut zu kombinieren: Ideal zu den meisten Feuchtwiesenpflanzen wie Wald-Schlüsselblume, Sibirische Schwertlilie, Echter Wiesenknopf, Trollblume, Färber-Scharte, Schwalbenwurz-Enzian, Teufelsabbiss oder Sumpf-Siegwurz.

Sumpf-Dotterblume

Caltha palustris

30–50 cm, dottergelb, März–April
Hahnenfußgewächse (Ranunculaceae)

Die auffällig dunkelgrün glänzenden, ungeteilten und stark gezähnten, herz- oder nierenförmigen Blätter entwickeln sich erst nach der frühen Blüte zu voller Größe. Die großen, satt dottergelben und hahnenfußähnlichen Blüten leuchten weithin. Wächst an nährstoffreichen Bachufern, in Sumpfwiesen und Weiden und ist in ganz Deutschland verbreitet und häufig.

Verwendung: Einzeln oder in Gruppen in Feuchtgräben und an Teichufern mit tiefgründigen, feuchten bis nassen Lehmböden. In der Homöopathie bei Hauterkrankungen verwendet.

Weitere Arten: Durch Blütenfarbe, Blühzeitpunkt und Blattform in Mitteleuropa einzigartig.

Gut zu kombinieren: In der Natur wie im Garten ist die gleichzeitig hellgelb blühende Wald-Schlüsselblume ein früher Blickfang, gut passen auch Schachblume, Bach-Nelkenwurz, Echtes Mädesüß, Eisenhut-Hahnenfuß und Blut-Weiderich.

Echtes Mädesüß | Moor-Geißbart

Filipendula ulmaria

50–200 cm, milchweiß, duftend, Juni–Juli
Rosengewächse (Rosaceae)

Die grundständigen wie die Stängelblätter sind grob gezähnt, frisch-dunkelgrün und zeigen zwei bis fünf Paare großer Teilblätter und dazwischen sehr kleine Teilblättchen. Die zahlreichen, winzigen, milchweißen und süßlich duftenden Blüten stehen verzweigt über den Blättern. Bildet an nährstoffreichen Bachläufen oft dichte Bestände und besiedelt auch Feuchtwiesen. In ganz Deutschland verbreitet und häufig.

Verwendung: Auf feuchten Lehmböden in Senken und an Ufern mit genügend Nährstoffen dekorativer Solitär oder als Kleingruppen verwendbar. Wildgemüse, einst Gewürz für Honigwein (Met) und alte Heilpflanze.

Weitere Arten: Das zierlichere Kleine Mädesüß (*Filipendula vulgaris*, Seite 87) wächst auf mageren, sandreichen Wiesen in trockenwarmen Lagen.

Gut zu kombinieren: Idealer Partner für wuchskräftige Stauden feuchter Standorte wie Gemeiner Beinwell, Arznei-Baldrian, Eisenhut-Hahnenfuß, Ross-Minze, Blut-Weiderich und Kohldistel.

Schachblume | Perlhuhn-Schachbrettblume

Fritillaria meleagris

20–40 cm, purpurbraun oder weiß, leicht giftig, April
Liliengewächse (Liliaceae)

Einige blaugrüne, schmal linealische und rinnige Blätter sitzen in einer Rosette und am Stängel. An dessen Ende hängen zwei bis drei große, glockige, sechsteilige Blüten. Diese sind meist purpurbraun und auffällig weißlich schachbrettartig gemustert oder seltener einfarbig milchweiß gefärbt. Die Wildvorkommen sind in Deutschland fast auf die Elbmarschen um Hamburg sowie Einzelvorkommen im Schweizer Doubstal und im Osten Österreichs beschränkt. Häufiger aus Gartenpflanzungen verwildert.

Verwendung: Filigraner Frühblüher für feuchte Senken, dessen Wirkung sich in größeren Gruppen deutlich positiv verstärkt.

Weitere Arten: Einzige Schachblume in Mitteleuropa. Ähnliche Arten in Südwest- und Südosteuropa.

Gut zu kombinieren: Idealer Frühblüher, der zu den meisten, später austreibenden Feuchtwiesenpflanzen ohne starken Wurzeldruck gut passt.

Schwalbenwurz-Enzian

Gentiana asclepiadea

30–90 cm, tief dunkelblau, August–September
Enziangewächse (Gentianaceae)

Die langen, aufrechten Stängel sind gleichmäßig beblättert mit gegenständigen, lang zugespitzten und fünfnervigen Blättern. Die in Büscheln erscheinenden, langkronigen Trompetenblüten sind von tiefblauer Farbe. Gedeiht in Flachmooren, Feuchtweiden und lichten Wäldern, in der Regel auf mergel- oder tonreichen Böden. In den Kalkalpen und dem Jura verbreitet, kommt der Schwalbenwurz-Enzian in Deutschland nur südlich der Donau und westwärts bis in den Hegau vor.

Verwendung: Durch seine tiefblaue und späte Blüte wird der Schwalbenwurz-Enzian, als Solitär oder in Kleingruppen gepflanzt, zu einem Juwel für feuchte Gartenbereiche. In der Jugend schneckenempfindlich. Bitterstoffe der Wurzel früher in der Volksmedizin verwendet.

Weitere Arten: Der zierlichere Lungen-Enzian (*Gentiana pneumonanthe*) hat ähnliche Ansprüche.

Gut zu kombinieren: Passt gut zu den meisten Stauden der Feuchtbereiche wie Wald-Schlüsselblume, Trollblume, Echter Wiesenknopf, Schlangen-Knöterich, Teufelsabbiss, Bach-Nelkenwurz.

Bach-Nelkenwurz

Geum rivale

30–60 cm, purpurbraun mit rötlichgelb, April–Mai
Rosengewächse (Rosaceae)

Die gezähnten und unterbrochen gefiederten Blüten zeigen ein meist dreiteiliges, vergrößertes Endblatt. Die überaus zierlichen, nickenden Blütenglöckchen haben rötlich-gelbe Kronblätter, die wenig aus dem purpurbraunen Kelch herausragen. Besiedelt Bachufer und feuchte Wiesen. In den meisten Teilen Deutschland verbreitet und häufig, im nordwestlichen Tiefland fehlend oder im Rückgang begriffen.

Verwendung: Durch Blattschmuck und Blüten sehr zierend und ausgesprochen robust, kann die Bach-Nelkenwurz nicht nur an Feuchtstandorten, sondern auch auf allen (halb)schattigen, lehmreichen Böden in Gruppenpflanzungen des Vorder- und Mittelgrundes bestens verwendet werden. Die Bitterstoffe der Wurzel wirken entzündungshemmend.

Weitere Arten: Im Blatt sehr ähnlich, in der Blüte gelb ist die im Garten oft als lästiges Unkraut spontan auftretende Echte Nelkenwurz (*Geum urbanum*).

Gut zu kombinieren: Gute Partner sind etwa Frauenmantel, Wald-Schlüsselblume, Wald-Ziest, Trollblume, Goldnessel, Wald-Storchschnabel und Akelei.

Sumpf-Siegwurz | Sumpf-Gladiole

Gladiolus palustris

30–50 cm, karminrot bis magenta, duftend, Juni–Juli
Schwertliliengewächse (Iridaceae)

Lange, schmal linealische Blätter stehen aufrecht um den ebenfalls beblätterten Stängel. Dieser trägt drei bis acht einseitswendige, charakteristisch sechsteilige Gladiolenblüten von karminroter bis magenta Farbe und zartem Duft. Gedeiht in kalkreichen, oft wechselfeuchten Feuchtwiesen und kann in Flussauen auch auf trockenen Böden wachsen. Die stark gefährdete Art ist vor allem im Alpenvorland verbreitet, wenige Restvorkommen im Hochrhein- und Maintal, während die ostdeutschen Vorkommen erloschen sind.

Verwendung: Eleganter Frühsommerblüher für (wechsel)feuchte Senken, mit guter Solitärwirkung.

Weitere Arten: Die sehr ähnliche Dachzieglige Siegwurz (*Gladiolus imbricatus*) erreicht als Steppenpflanze im Burgenland, Südtessin und der sächsischen Oberlausitz ihre westliche Verbreitungsgrenze.

Gut zu kombinieren: Gesellt sich gerne zu Sibirischer Schwertlilie, Färber-Scharte, Teufelsabbiss, Wohlriechendem Lauch, Trollblume und Schwalbenwurz-Enzian.

Sibirische Schwertlilie

Iris sibirica

50–80 cm, blau, duftend, Juni
Schwertliliengewächse (Iridaceae)

Die langen, schmalen und schwertartig straff aufrechten, blaugrünen Blätter sind weniger als 1 cm breit. Darüber thronen im Juni die duftenden, tiefblauen Blüten mit drei hängenden, äußeren Perigonblättern, die blauviolett und weiß geadert sind. Wächst zerstreut in kalkreichen, oft wechselfeuchten Wiesen, nordwärts bis zum Rheinischen Schiefergebirge, Hannover, Elbe und Spree. Die früheren Vorkommen in Mecklenburg-Vorpommern sind erloschen.

Verwendung: Dank der eleganten und zierlichen Blätter auch über die kurze Blütezeit hinaus, als Kleingruppe oder flächig verwendet, attraktiv und im Garten auf frischen, lehmreichen Lehmböden problemlos gedeihend.

Weitere Arten: Die etwas größere Wiesen-Schwertlilie (*Iris spuria*) kommt in Ost-Österreich und isoliert im Mittleren Rheintal vor.

Gut zu kombinieren: Kann gut mit Pflanzen wie Bach-Nelkenwurz, Blut-Weiderich, Sumpf-Siegwurz, Sumpf-Schafgarbe, Teufelsabbiss, Wohlriechendem Lauch und allen Frühblühern der Feuchtstandorte benachbart werden.

Blut-Weiderich

Lythrum salicaria

70–120 cm, leuchtend karminrosa, Juli–August
Weiderichgewächse (Lythraceae)

Lanzettliche Blätter sitzen gegenständig oder seltener zu dritt am aufrechten, oft verzweigten Stängel. Erst im Spätsommer erblühen die vielblütigen, lebhaft karminrosa gefärbten Blütenähren mit fünfteiligen Einzelblüten. Wächst auf Feuchtwiesen und Gräben auf lehmreichen Böden, in ganz Deutschland verbreitet und häufig.

Verwendung: Die weithin leuchtende, spätsommerliche Blüte macht den Blut-Weiderich im naturnahen Garten fast unentbehrlich für Feuchtgräben, Uferbereiche oder lehmige Senken. Heilpflanze mit verschiedenen Wirkungen und früher Gerbmittel.

Weitere Arten: Viel kleiner und bogig aufsteigend ist der Ysopblättriger Weiderich (*Lythrum hyssopifolia*), der selten und stark bedroht in großen Stromtälern gedeiht.

Gut zu kombinieren: Passt hervorragend zu hohen Stauden wie Echtes Mädesüß, Ross-Minze, Kohl-Kratzdistel, Färber-Scharte oder niedrigeren Arten wie Bach-Nelkenwurz und Trollblume.

Ross-Minze | Langblättrige Minze

Mentha longifolia

30–100 cm, blassrosa bis -lila, aromatisch, Juli–August
Lippenblütler (Lamiaceae)

Die oberseits auffällig weißfilzigen Blätter sind lanzettlich, gegenständig, gezähnt und stark aromatisch, frisch-dunkelgrün und zeigen zwei bis fünf Paare großer Teilblätter und dazwischen sehr kleine Teilblättchen. An den Zweigenden sitzen die blassrosa bis -lila Blüten in dichten Ähren. Bildet an nährstoffreichen Bachläufen oft dichte Bestände und besiedelt auch Feuchtwiesen. In ganz Deutschland verbreitet und häufig.

Verwendung: Auf feuchten Lehmböden in Senken und an Ufern mit genügend Nährstoffen dekorativer Solitär oder als Kleingruppen verwendbar. Wildgemüse und alte Heilpflanze.

Weitere Arten: Die zierlichere und rundblättrige Wasser-Minze (*Mentha aquatica*) wächst am nassen Teichufer.

Gut zu kombinieren: Idealer Partner für wuchskräftige Stauden feuchter Standorte wie Gemeiner Beinwell, Echtes Mädesüß, Eisenhut-Hahnenfuß, Arznei-Baldrian und Kohldistel.

Wald-Schlüsselblume | Frühe, Hohe Schlüsselblume

Primula elatior

10–25 cm, hellgelb, März–April
Primelgewächse (Primulaceae)

Die fein behaarten, runzelig eiförmigen Blätter wachsen in einer grundständigen Rosette. Die hellgelben Blütenkronen thronen darüber in einer vielblütigen, kugligen Dolde. Lehmreiche Böden in feuchten Wäldern und Wiesen in ganz Deutschland ohne Brandenburg und Nordseeküste.

Verwendung: Als attraktiver Frühblüher besonders wertvoll. Breitet sich an zusagenden Stellen auf allen lehmigen Gartenböden langsam aus, ohne lästig zu werden. Aus den Blättern kann schleimlösender Tee hergestellt werden, wenn auch mit schwächerer Wirkung als bei der Wiesen-Schlüsselblume.

Weitere Arten: In warmen Lagen des Schweizer Juras und Teilen von Österreich kommt die Stängellose Schlüsselblume (*Primula acaulis*), mit duftenden, sitzenden Blüten und als Gartenpflanze wohl bekannt, wild vor.

Gut zu kombinieren: Die Wald-Schlüsselblume kann mit fast allen Wildstauden auf lehmreichen, nicht prallsonnigen Böden gut benachbart werden. Blüht gleichzeitig mit der Schachblume.

Echter Wiesenknopf | Großer Wiesenknopf

Sanguisorba officinalis

30–100 cm, dunkel braunrot, Juni–Juli
Rosengewächse (Rosaceae)

Die grundständigen wie auch die Stängelblätter sind einfach gefiedert, grob gezähnt und zeigen 7 bis 15 Paare ovaler Teilblätter, die oberseits glänzend grasgrün, unterseits graugrün gefärbt sind. Die zahlreichen, winzigen, dunkel braunroten Blütchen stehen in dichten Kugeln oder Walzen am Stängelende. Wächst in feuchten Wiesen und Flachmooren. In ganz Deutschland bis zum Nordrand der Mittelgebirge verbreitet, nordwärts davon im Elb- und Wesertal, um Berlin und in Schleswig-Holstein.

Verwendung: Auf feuchten Lehmböden als dekorativer Solitär oder in Kleingruppen verwendbar. In der Volksheilkunde und Homöopathie als Medikament gegen Durchfall und im Klimakterium eingesetzt.

Weitere Arten: Der Kleine Wiesenknopf (*Sanguisorba minor*) mit unscheinbareren, grünlich-roten Blütenknöpfen besiedelt häufig trockene Wiesen.

Gut zu kombinieren: Idealer Partner für Stauden mit Feuchtwiesencharakter wie Schlangen-Knöterich, Echtes Mädesüß, Teufelsabbiss, Trollblume, Eisenhut-Hahnenfuß, Schwalbenwurz-Enzian und Rote Waldnelke.

Färber-Scharte

Serratula tinctoria

30–100 cm, purpur, Juli–September
Korbblütler (Asteraceae)

Die unteren, ungeteilten, eiförmig lanzettlichen und gezähnten Blätter werden am straff aufrechten und etwas verzweigten Stängel durch oft fiederschnittige Blätter abgelöst. Die röhrenförmigen, purpurnen Blüten mit schwarzvioletten Hüllblättern sitzen in schmalen, rispigen Blütenständen. Besiedelt Feuchtwiesen und lichte Wälder auf oft wechselfeuchten Ton- und Mergelböden. In Deutschland unregelmäßig verbreitet und vielerorts, besonders im Nordwesten, in starkem Rückgang begriffen.

Verwendung: Zierendes Laub wirkt in Kombination mit straff aufrechtem Wuchs und spätsommerlicher Blüte, in Kleingruppen gepflanzt, attraktiv. Die Blätter wurden früher zur Gelbfärbung von Textilien verwendet.

Weitere Arten: Die nächsten Verwandten sind die Flockenblumen (*Centaurea*) mit deutlich breiteren Blütenköpfen.

Gut zu kombinieren: Ergänzt sich gut mit Feuchtwiesenpflanzen wechselfeuchter Lehmböden wie Sibirische Schwertlilie, Echter Wiesenknopf, Trollblume, Teufelsabbiss, Wohlriechender Lauch, Schachblume und Schwalbenwurz-Enzian.

Teufelsabbiss | Abbisskraut

Succisa pratensis

30–80 cm, blauviolett, August–September
Geißblattgewächse (Caprifoliaceae)

Lang ovale, ungeteilte und ganzrandige Blätter sitzen in einer dichten, grundständigen Rosette. Erst im Spätsommer erheben sich die aufrechten, oben verzweigten Stängel mit wenigen kleinen Blättern. Die zahlreichen blauvioletten Blütenköpfe sind fast kuglig und wirken als wahre Hummel- und Bienenmagnete. Gedeiht auf Feuchtwiesen und Heiden, auf oft wechselfeuchten Ton- und Mergelböden. In ganz Deutschland verbreitet, infolge Lebensraumverlustes extensiv genutzter Feuchtwiesen lokal im Rückgang.

Verwendung: Zierende grundständige Blattrosetten, in Kombination mit straff aufrechtem Wuchs und der sehr reichen spätsommerlichen Blüte, wirken, in Kleingruppen gepflanzt, ausgesprochen attraktiv. Die getrocknete Wurzel wurde früher als Amulett gegen Dämonen verwendet.

Weitere Arten: Der Eingebogene Moorabbiss (*Succisella inflexa*) mit weißlichen Blüten gedeiht an wenigen Stellen im Maintal, Bayern und im Burgenland.

Gut zu kombinieren: Ergänzt sich gut mit Feuchtwiesenpflanzen wechselfeuchter Lehmböden wie Sibirische Schwertlilie, Echter Wiesenknopf, Trollblume, Wohlriechender Lauch, Schachblume, Sumpf-Siegwurz, Schwalbenwurz-Enzian.

Trollblume

Trollius europaeus

30–60 cm, dottergelb, duftend, Juni
Hahnenfußgewächse (Ranunculaceae)

Die glänzend grünen, handförmig geteilten Blätter mit lang ausgezogenen Spitzen gruppieren sich um die aufrechten Stängel. Die satt dottergelben, zart duftenden Blüten weisen 10 bis 15 kugelig zusammenneigende Kronblätter auf. Auf feuchten Wiesen in Berglagen. In allen höheren Mittelgebirgen, den Alpen und in der Moränenlandschaft Mecklenburg-Vorpommerns. Weitere Vorkommen im Tiefland sind infolge Lebensraumverlustes der Feuchtwiesen erloschen.

Verwendung: Einzeln oder in Kleingruppen zu verwenden, durch Laub und Blüte attraktiv. Bei dauernder Bodenfeuchtigkeit auch vollsonnig, sonst eher halbschattig pflanzen. Früher als Volksheilmittel gegen Skorbut verwendet.

Weitere Arten: Einzige Trollblumenart in Europa, verwandt mit Hahnenfuß und Anemonen.

Gut zu kombinieren: Passend zu Wald-Schlüsselblume, Schachblume, Sumpf-Siegwurz, Sumpf-Dotterblume, Bach-Nelkenwurz, Teufelsabbiss, Eisenhut-Hahnenfuß und Blut-Weiderich.

Arznei-Baldrian | Echter Baldrian

Valeriana officinalis

70–180 cm, rosaweiß, Mai–August
Geißblattgewächse (Caprifoliaceae)

Auffällig unpaarig gefiederte Blätter mit 4 bis 13 nach oben kleiner werdenden Blattpaaren sitzen gegenständig am aufrechten, wenig verzweigten Stängel. Erst im Spätsommer erheben sich die aufrechten, oben verzweigten Stängel mit wenigen kleinen Blättern. Die zahlreichen rosaweißen Blütchen sitzen in dichten, breiten Schirmen. In Feuchtwiesen und feuchten Wäldern auf lehmreichen Böden, in ganz Deutschland verbreitet und häufig.

Verwendung: Prächtige Solitärwirkung oder für Kleingruppen im Hintergrund verwendbar. Als Beruhigungsmittel mit breiter Wirkung wird die charakteristisch muffig riechende, getrocknete Wurzel bis heute in großem Umfang medizinisch verwendet.

Weitere Arten: Sozusagen eine Miniausgabe des Arznei-Baldrians ist der nur 30 cm hohe Sumpf-Baldrian (*Valeriana dioica*), der gerne in feuchten Gräben gedeiht.

Gut zu kombinieren: Kann entweder zu Solitärgestalten wie Kohldistel, Akeleiblättriger Wiesenraute und Wald-Geißbart gepflanzt werden oder zu niedrigeren, flächig wirkenden Stauden wie Bach-Nelkenwurz, Rote Waldnelke, Trollblume oder Schlangen-Knöterich.

Langblättriger Ehrenpreis

Veronica longifolia

60–120 cm, blau, Juni–August
Wegerichgewächse (Plantaginaceae)

Lanzettliche, regelmäßig gezähnte und dunkelgrüne Blätter sitzen gegenständig, seltener zu drei bis vier quirlig, am aufrechten, oben verzweigten Stängel. Im Sommer erscheinen an den Stängelenden die langen, dichten und blauen, seltener blauvioletten Blütenähren. Gedeiht in Feuchtwiesen und Auenwäldern entlang der großen Stromtäler Eurasiens und erreicht in Deutschland seine Westgrenze. Lokal im Ems-, Weser-, Elb-, Oder-, Rhein-Main- und Donautal vorkommend.

Verwendung: Dekorative Solitärstaude oder für Kleingruppen auf feuchten Lehmböden geeignet.

Weitere Arten: Viel kleiner wachsend und an trockenwarmen Standorten gedeiht der Ährige Ehrenpreis (*Veronica spicata*, Seite 71).

Gut zu kombinieren: Passt gut zu Echtem Wiesenknopf, Echtem Mädesüß, Färber-Scharte, Ross-Minze, Akeleiblättriger Wiesenraute, Sibirischer Schwertlilie, Sumpf-Siegwurz und Teufelsabbiss.

PFLANZEN FÜR GEWÄSSER UND NASSSTANDORTE

ZU BEACHTEN

Bei flächenmäßig beschränkten Garten- und Schwimmteichen ist von der Verwendung starkwüchsiger Röhrichtpflanzen wie Schilf, Rohrkolben, See-Flechtbinse und Gelber Schwertlilie grundsätzlich abzuraten. Dies gilt auch für starkwüchsige Seerosen und die flutende Krebsschere. Bei deren Verwendung kann ein Teich innerhalb weniger Jahre vollständig zugewuchert sein. Kleinwüchsige Alternativen wie Zwerg-Rohrkolben, Teichrose, Gemeine Seekanne oder Froschbiss sind bei beschränktem Platz vorzuziehen. Bei den Wildstauden der Nassstandorte gibt es grundsätzlich keine Frühblüher, da die Wasserpflanzen mit ihrem Wachstum gänzlich von der sich meist nur langsam erwärmenden Wassertemperatur des Weihers abhängig sind und damit der Pflanzenentwicklung außerhalb des Gewässers deutlich nachhinken.

STANDORT

Nassstandorte am Rande von Gewässern finden sich im Garten meist als künstlich angelegte, folienabgedichtete Garten- oder Schwimmteiche. In flachen Mulden liegend und mit breiten Ufersäumen versehen, passen sie zur Umgebung und können – gekonnt angelegt – sehr naturnah wirken. Liegt der Gartenteich am Hang oder eingeklemmt in einer Hausecke, besteht die Gefahr, dass er weder natürlich noch zur Umgebung passend wirkt. An Weihern und ihren Uferzonen wachsen typischerweise stark lichtbedürftige Pflanzen, die auf gute Besonnung angewiesen sind. Schattige Weiher sind dagegen artenärmer und beherbergen nur eine begrenzte Zahl an potenziell geeigneten Wildstauden und wasserbewohnenden Tieren.

CHARAKTER

Ästhetisch ansprechende Weiher weisen eine gewisse Größe auf, damit das Verhältnis zwischen der als Pflanzstandort besonders interessanten Uferzone und der offenen Wasserfläche ausgewogen ist.
Stillgewässer zeigen drei unterschiedliche Teilbereiche: Der Ufersaum wird dominiert durch straff aufrechte Stauden und Röhrichtpflanzen, die im Uferboden wurzeln und diesen dadurch belüften und beleben. Die Schwimmblattzone zeigt genau das Gegenteil: Dicke, ledrige, runde oder ovale Blätter fluten horizontal auf dem Wasserspiegel, die Blattoberfläche ist der Sonne extrem ausgesetzt, der Gasaustausch findet auf der Blattunterseite im Wasser statt. Stängel spielen nur eine untergeordnete Rolle für eine meist lose Verankerung der Pflanzen im Boden. Ganz frei flutend sind schließlich die Unterwasserpflanzen (submerse Vegetation). Hier sind die Blätter, die im Wasser kein Stützgewebe benötigen, feinst verästelt, um einen möglichst großen Gas- und Nährstoffaustausch zu gewährleisten. Fließgewässer im Sinne naturnaher Wiesenbäche oder Quellfluren sind im Garten leider nur sehr selten vorhanden. Sie weisen eine von den Stillgewässern leicht abweichende Vegetation auf, wenige Arten wie etwa die Gemeine Brunnenkresse (*Nasturtium officinale*) gedeihen nur in sauerstoffreichen Fließgewässern.

BODEN UND LAGE

Im Folienteich sollte statt Erde möglichst nur Sand oder Kies verwendet werden, um die Grünalgenbildung durch unnötige Nährstoffzufuhr zu verhindern.

Gemeiner Froschlöffel

Alisma plantago-aquatica

30–100 cm, rosaweiss, Juni–Juli
Froschlöffelgewächse (Alismataceae)

Die stets grundständigen und parallelnervigen Blätter sind lang gestielt und eiförmig bis breit-lanzettlich. Der quirlig verzweigte Blütenstängel trägt zahlreiche dreiteilige weiße, manchmal rosaweiße Blüten. Gedeiht im Uferbereich schlammiger Gewässer, Gräben und Sumpfwiesen. In Deutschland verbreitet und besonders im Tiefland lokal häufig.

Verwendung: Durch Blatt und Blüte elegante und robuste Solitärstaude für den GartenTeich. Die Wurzel der im frischen Zustand leicht giftigen Pflanze wird in der Naturheilkunde als Abführmittel verwendet.

Weitere Arten: Ähnlich, aber mit schmal lanzettlichen Blättern sind Lanzett- und Grasblättriger Froschlöffel (*Alisma lanceolatum und gramineum*) sowie das Pfeilkraut.

Gut zu kombinieren: Guter Partner für andere Teichpflanzen wie Zwerg-Rohrkolben, Wolfstrapp, Berle, Sumpf-Wolfsmilch, Straußblütiger Gilbweiderich, Sumpf-Vergissmeinnicht und Blutauge.

Berle | Kleiner Merk, Schmalblättriger Merk

Berula erecta

70–120 cm, weiß, aromatisch, Juni–Juli
Doldenblütler (Apiaceae)

Die einfach gefiederten Blätter zeigen vier bis zehn Paare gezähnter und leicht aromatischer, frischgrüner Teilblätter. Sie können untergetaucht, aber auch über der Wasseroberfläche entlang der stets verzweigten, aufrechten Stängel wachsen. Die eher kleinen, weißen Doldenblüten stehen zahlreich an den Stängelenden. Besiedelt langsam fließende Bäche, Gräben und seltener Sumpfwiesen. In Deutschland im Tiefland verbreitet, fehlt in den höheren Mittelgebirgen und den Alpen weitgehend.

Verwendung: Dank der relativ üppigen, frischgrünen Fiederblätter ein attraktiver „Erstbegrüner" für Teiche und Feuchtgräben.

Weitere Arten: Ähnlich, in allen Teilen größer ist der Große Merk (*Sium latifolium*) der Norddeutschen Tiefebene, Rhein- und Donautal mit den gleichen Lebensraumansprüchen.

Gut zu kombinieren: Passt gut in zu Uferpflanzen wie Bachbungen-Ehrenpreis, Wolfstrapp, Sumpf-Wolfsmilch, Sumpf-Vergissmeinnicht, Wasser-Minze und Froschlöffel.

Schwanenblume | Wasserliesch

Butomus umbellatus

60–150 cm, rosaweiß, Juni–Juli
Schwanenblumengewächse (Butomaceae)

Die linealischen, bis zu 1 m langen, aber nur 1 cm breiten, dreikantigen Blätter fluten meist im Wasser. Der unverzweigte, straffe Stängel trägt an seinem Ende einen breitdoldigen Blütenstand mit sechsteiligen, rosaweißen Blüten. Wächst in stehenden und langsam fließenden Gewässern. In Deutschland im Tiefland, insbesondere in den Stromtälern verbreitet, in den höheren Mittelgebirgen und den Alpen meist fehlend.

Verwendung: Der elegante Blüten- und Fruchtstand machen die Schwanenblume als Solitär für die Teichbepflanzung attraktiv. Die stärkehaltige Wurzel ist essbar, der Stängel wurde früher auch zum Flechten verwendet

Weitere Arten: Die einzige Art der Gattung und Familie ohne nähere Verwandte.

Gut zu kombinieren: Passt gut zu anderen Teichpflanzen wie Berle, Pfeilkraut, Sumpf-Wolfsmilch, Straußblütiger Gilbweiderich, Blutauge, Sumpf-Vergissmeinnicht und Froschlöffel.

Sumpf-Wolfsmilch

Euphorbia palustris

50–150 cm, gelb, giftig, Juni
Wolfsmilchgewächse (Euphorbiaceae)

Die zahlreichen, lanzettlichen, ganzrandigen oder fein gezähnten Blätter stehen entlang der vielen bogig aufsteigenden Stängel. An deren Ende sitzen die breit doldigen, charakteristischen Blütenstände der Wolfsmilch mit gelben Blüten. Gedeiht in Sumpfwiesen, in Deutschland ausschließlich in den großen Stromtälern von Donau-, Rhein-Main-, Weser-, Elbe-Saale- und Oder.

Verwendung: Dank der dicht beblätterten Stängel, attraktiven Blüten und oft rötlichen Herbstfärbung ein ausgesprochen attraktiver Solitär für das Teichufer oder den Feuchtgraben.

Weitere Arten: Einzige heimische Wolfsmilchart, die auf nassfeuchten Standorten wächst.

Gut zu kombinieren: Gut zu benachbarn mit Ufer- und Feuchtgarbenpflanzen wie Berle, Bachbungen-Ehrenpreis, Wolfsfuß, Echtem Mädesüß, Gelber Wiesenraute, Blutauge, Sumpf-Vergissmeinnicht und Bach-Nelkenwurz.

Tannenwedel

Hippuris vulgaris

20–80 cm, unscheinbar rötlich, Mai–Juli
Wegerichgewächse (Plantaginaceae)

Die treffend benannten tannenähnlichen Blattwedel mit zahlreichen, linealischen und quirlständigen Blättern können aufrecht aus dem Wasser wachsen und einem Miniaturtannenwald gleichen oder unter Wasser horizontal fluten. Trotz der auch schachtelhalmartigen Gestalt ist der Tannenwedel eine echte Blütenpflanze. Die völlig unscheinbaren, rötlichen Blütchen sitzen in den Blattwinkeln. Besiedelt stehende und langsam fließende Gewässer. In Deutschland unregelmäßig von den Küsten bis zum Alpenfuß verbreitet.

Verwendung: Der auffälligen und attraktiven Blattwedel wegen sehr häufig zur Teichbepflanzung verwendet.

Weitere Arten: Die einzige und unverwechselbare Art der Gattung in Mitteleuropa mit nur einem eurasischen Verwandten.

Gut zu kombinieren: Passt gut in zu anderen Teichpflanzen wie Berle, Pfeilkraut, Sumpf-Wolfsmilch, Straußblütiger Gilbweiderich, Schwanenblume, Sumpf-Vergissmeinnicht und Froschlöffel.

Wasserfeder

Hottonia palustris

30–50 cm, hellrosa, duftend, Mai–Juni
Primelgewächse (Primulaceae)

Die kammartig, fein fiederschnittigen Blätter fluten knapp unter oder auf der Wasserfläche und wurzeln lose im Schlamm. Über das Wasser erheben sich die bis zu 50 cm hohen Blütenstängel, an denen in übereinanderstehenden Quirlen fünfteilige weiße oder hellrosa, duftende Blüten mit gelbem Auge sitzen. Wächst in Gräben und Auenaltwassern im schwach sauren Bereich. Im Norddeutschen Tiefland verbreitet, aber gefährdet, auch im Rhein-Main und Donautal.

Verwendung: Filigraner Wuchs und Blütenschmuck können die Wasserfeder zu einer Zierde für Gartenteich und Wassergräben machen.

Weitere Arten: Die Wasserfeder ist die einzige und unverwechselbare Art der Gattung in Mitteleuropa.

Gut zu kombinieren: Idealer Partner für Teichpflanzen wie Zwerg-Rohrkolben, Tannenwedel, Sumpf-Vergissmeinnicht, Schwanenblume, Froschlöffel und Pfeilkraut.

Europäischer Froschbiss

Hydrocharis morsus-ranae

Blätter bis 5 cm lang, weiß, Juni–August
Froschbissgewächse (Hydrocharitaceae)

Kreisrunde und tief herzförmige kleine Schwimmblätter, die durch Ausläufer zu ansehnlichen Teppichen wachsen können. Die weißen, dreiteiligen Blüten ragen einzeln oder zu zweit oder dritt gestielt aus dem Wasser. Wächst in stehenden, warmen und nährstoffreichen Gewässern bis 1 m Wassertiefe. In Deutschland vorwiegend im Norddeutschen Tiefland, südwärts davon fast nur in den großen Stromtälern verbreitet.

Verwendung: Durch ihre zierlichen Blätter und Blüten attraktive Schwimmblattpflanze, die gerade in kleineren Gartenteichen, zusammen mit der Gemeinen Seekanne, als gute Alternative zu den sehr wuchsfreudigen See- und Teichrosen verwendet werden kann.

Weitere Arten: Die einzige Froschbissart in Europa.

Gut zu kombinieren: Guter Partner mit wenig Platzbedarf zu anderen Schwimmblattpflanzen des Gartenteiches, insbesondere der ähnlich zierlichen Gemeinen Seekanne.

Wolfstrapp | Europäischer Wolfsfuß

Lycopus europaeus

30–120 cm, weiß, Juli–August
Lippenblütler (Lamiaceae)

Die gegenständigen und eiförmigen Blätter sind auffällig gezähnt. Die straff aufrechten, vierkantigen Stängel tragen in den Blattachseln kleine, weiße quirlständige Lippenblüten. Wächst in Uferzonen, Sumpfwiesen und Gräben. In ganz Deutschland verbreitet und häufig.

Verwendung: Vorwiegend durch den Blattschmuck attraktive Uferpflanze. Heilpflanze für Schilddrüsenleiden.

Weitere Arten: Der osteuropäische Hohe Wolfstrapp (*Lycopus exaltatus*) mit auffällig zerschlitzten Blättern ist heute an seinem früheren Vorkommen im Elbtal ausgestorben.

Gut zu kombinieren: Passt gut zu Echtem Mädesüss, Bach-Nelkenwurz, Berle, Sumpf-Vergissmeinnicht, Großem Wiesenknopf und Sumpf-Greiskraut.

Strauß-Gilbweiderich

Lysimachia thyrsiflora

30–70 cm, gelb, duftend, Mai–Juli
Primelgewächse (Primulaceae)

Die gegenständigen und schmal lanzettlichen Blätter säumen den aufrechten, unverzweigten Stängel. In den Blattachseln stehen lang gestielte Trauben mit leuchtend gelben, duftenden kleinen Blüten. Gedeiht in Uferbereichen, Sumpfwiesen und Gräben. Im nördlichen Tiefland verbreitet und lokal häufig, lokal auch im Alpenvorland, Nordostbayern und Rheinland-Pfalz vorkommend.

Verwendung: Filigraner Wuchs und Blütenschmuck machen den Strauß-Gilbweiderich zu einer attraktiven Wildstaude für Gartenteich.

Weitere Arten: Der Gemeine Gilbweiderich (*Lysimachia vulgaris*) ist eine viel häufigere und größere Wildstaude für frischfeuchte Rabatten.

Gut zu kombinieren: Idealer Partner für Teichpflanzen wie Berle, Wolfstrapp, Sumpf-Vergissmeinnicht, Schwanenblume, Froschlöffel, Tannenwedel und Pfeilkraut.

Fieberklee

Menyanthes trifoliata

15–30 cm, weiß, duftend, Mai
Fieberkleegewächse (Menyanthaceae)

Die stets dreizähligen, oval-eiförmigen und wellig gezähnten Blätter sitzen am Stängelende oder an oft langen Ausläufern, die sich schwimmend auch weit auf die Wasserfläche vorschieben können. Der aufrechte, traubige Blütenstand enthält 10 bis 20 fünfteilig sternförmige, weiße und duftende Blüten, die durch dichte Fransen geziert und dadurch unverwechselbar sind. Wächst in leicht sauren Verlandungsmooren an See- und Weiherufern und Sumpfwiesen. Die unregelmäßige Verbreitung zeigt Schwerpunkte im nördlichen Tiefland, in bodensauren und moorreichen Mittelgebirgen und den Alpen.

Verwendung: Die dekorativen Blüten und hübsches Laub machen den Fieberklee zu einer attraktiven Wildstaude für naturnahe sowie kalkreiche Gartenteiche. Die Bitterstoffe des Blattes werden medizinisch bei Verdauungsbeschwerden genutzt.

Weitere Arten: Der unverwechselbare Fieberklee ist die einzige Art der Gattung Fieberklee.

Gut zu kombinieren: Idealer Partner für Teichpflanzen wie Blutauge, Berle, Wolfstrapp, Strauß-Gilbweiderich, Sumpf-Vergissmeinnicht, Schwanenblume, Froschlöffel und Pfeilkraut.

Sumpf-Vergissmeinnicht

Myosotis scorpioides

15–50 cm, hellblau, Mai–Juli
Raublattgewächse (Boraginaceae)

Hellgrüne, eiförmige bis lanzettliche und rau behaarte Blätter umgeben den verzweigten Stängel. Die traubigen Blütenstände zeigen zahlreiche fünfteilige, hellblaue Blüten mit einem gelben Auge. Besiedelt Sumpfwiesen, Flachmoore, Bruchwälder und Gräben. In ganz Deutschland verbreitet und häufig.

Verwendung: Der zierliche Wuchs und die am Teichrand seltene blaue Blütenfarbe sorgen für Attraktivität.

Weitere Arten: Sehr ähnlich im Aussehen und Vorkommen sind Hain- und Wald-Vergissmeinnicht (*Myosotis nemorosa* und *sylvatica*).

Gut zu kombinieren: Passt gut zu Bach-Nelkenwurz, Sumpf-Dotterblume, Berle, Wolfstrapp, Strauß-Gilbweiderich und Sumpf-Wolfsmilch.

Ähren-Tausendblatt

Myriophyllum spicatum

Bis 300 cm unter Wasser flutend, rötlich, Juni–August
Tausendblattgewächse (Haloragaceae)

Die kammartig, fein gefiederten Blätter stehen quirlig zu viert an langen, frei unter Wasser flutenden, oft rötlichen Stängeln. Die bis zu 20 cm über das Wasser ragenden Blütenstängel tragen quirlständige, am Stängel sitzende winzige rötliche männliche und unscheinbar grünlichweiße weibliche Blütchen. Besiedelt stehende oder langsam fließende Gewässer. Unregelmäßig in ganz Deutschland verbreitet mit Schwerpunkten in den großen Stromtälern.

Verwendung: Die wohl wichtigste und bestwüchsigste Unterwasserpflanze für den Gartenteich. Sie kann durch ihr Wachstum bedeutende Nährstoffmengen binden und Verstecke für Wassertiere bieten. Wird auch als Zierpflanze für Aquarien verwendet.

Weitere Arten: Sehr ähnlich sind die selteneren Arten Quirlblättriges und Armblütiges Tausendblatt (*Myriophyllum verticillatum* und *alternifolium*).

Gut zu kombinieren: Eine gute Ergänzung zu allen Schwimmblattpflanzen des Gartenteiches wie Seerose, Teichrose, Gemeine Seekanne, Froschbiss oder Laichkräuter.

Gelbe Teichrose | Große Teichrose

Nuphar lutea

Blätter bis 20 cm lang, gelb, duftend, leicht giftig, Juni–August
Seerosengewächse (Nymphaceae)

Die ledrig glänzenden ovalen und tief herzförmigen, lose am Grunde wurzelnden Schwimmblätter können 10–20 cm lang sein. Die fünfteilige, gelbe und duftende, becherförmige Blütenkrone erhebt sich an einem kurzen Stängel über das Wasser. Besiedelt stehende oder langsam fließende Gewässer bis zu 2 m Wassertiefe. Unregelmäßig in ganz Deutschland verbreitet mit Schwerpunkten in der Norddeutschen Tiefebene und in den großen Stromtälern.

Verwendung: Attraktive Schwimmblattpflanzen, etwas weniger wüchsig und kleiner als die Weiße Seerose.

Weitere Arten: In allen Teilen kleiner ist die in Deutschland vom Aussterben bedrohte Zwerg-Teichrose (*Nuphar pumila*) mit wenigen Vorkommen im Alpenvorland, Schwarzwald und Mecklenburg-Vorpommern.

Gut zu kombinieren: Mit anderen Schwimmblattpflanzen des Gartenteiches kombinierbar wie Seerose, Gemeine Seekanne, Froschbiss oder Laichkräuter.

Weiße Seerose

Nymphaea alba

Blätter bis 25 cm lang, weiß, duftend, leicht giftig, Juni–August
Seerosengewächse (Nymphaceae)

Die ledrig glänzenden ovalen und tief herzförmigen, lose am Grunde wurzelnden Schwimmblätter können bis zu 25 cm lang sein. Die weiße und duftende Blütenkrone weist zahlreiche Kronblätter und gelbe Staubblätter auf. Besiedelt stehende oder langsam fließende Gewässer bis zu 3 m Wassertiefe. In den meisten Regionen Deutschlands verbreitet mit Schwerpunkten in der Norddeutschen Tiefebene und in den großen Stromtälern.

Verwendung: Attraktive Schwimmblattpflanze, für die meisten, in ihrer Fläche beschränkten Gartenteiche aber zu wuchskräftig. Seerosen mit rot oder rosa getönten Blüten sind Zuchtformen, die heimische Wildart blüht stets weiß.

Weitere Arten: In allen Teilen kleiner ist die in Deutschland extrem seltene Kleine Seerose (*Nymphaea candida*) mit wenigen Vorkommen in Nordost-Bayern, Erzgebirge und Niedersachsen.

Gut zu kombinieren: Bei genügendem Platz mit anderen Schwimmblattpflanzen des Gartenteiches kombinierbar wie Teichrose, Gemeine Seekanne, Froschbiss oder Laichkräuter.

Gemeine Seekanne | Teichenzian

Nymphoides peltata

Blätter bis 10 cm lang, gelb, duftend, Juli–August
Fieberkleegewächse (Menyanthaceae)

Die kreisrunden und tief herzförmigen Schwimmblätter haben einen Durchmesser von 3–10 cm. Die goldgelben, sternförmigen und duftenden Blüten ragen einzeln aus dem Wasser. Wächst in stehenden Gewässern. In Deutschland nur im Weser-, Elbe-Spree-, Oder-, Rhein-Mosel- und Donautal verbreitet.

Verwendung: Durch ihre zierlichen Blätter und Blüten attraktive Schwimmblattpflanze, die gerade in kleineren Gartenteiches als gute Alternative zu den sehr wuchsfreudigen See- und Teichrosen verwendet werden kann.

Weitere Arten: Einziger Vertreter der überwiegend tropischen Gattung Seekanne (*Nymphoides*) in Europa.

Gut zu kombinieren: Guter Partner mit wenig Platzbedarf zu anderen Schwimmblattpflanzen des Gartenteiches wie Teichrose, Froschbiss oder Laichkräuter.

Blutauge

Potentilla palustris

30–70 cm, purpurbraun, Mai–Juni
Rosengewächse (Rosaceae)

Die gefiederten Blätter mit fünf bis sieben gezähnten und unterseits blaugrünen Teilblättern säumen den verzweigten Stängel. Die lang gestielten, fünfteiligen Blüten sind namengebend auffällig dunkel purpurbraun gefärbt. Wächst in Hochmooren und sauren Flachmooren. Im Norddeutschen Tiefland, bodensauren Mittelgebirgen und dem Alpenrand verbreitet.

Verwendung: Eleganter und eher lockerwüchsiger Solitär für den Teichrand. Früher als Heil- und Färbepflanze verwendet.

Weitere Arten: Einziges heimisches Fingerkraut (*Potentilla*) mit roten Blüten.

Gut zu kombinieren: Guter Nachbar für Teichpflanzen wie Fieberklee, Tannenwedel, Berle, Wolfstrapp, Sumpf-Vergissmeinnicht, Froschlöffel und Pfeilkraut.

Sumpf-Greiskraut | Sumpf-Kreuzkraut

Senecio paludosus

60–180 cm, gelb, Juni–Juli
Körbchenblütler (Asteraceae)

Die ledrig-glänzend dunkelgrünen, unterseits graufilzigen, schmal lanzettlichen, lang zugespitzten und scharf gezähnten Blätter machen die hoch aufragende Gestalt unverwechselbar. Die gelben Körbchenblüten mit Röhren- und randlichen Zungenblüten sitzen am verzweigten Blütenstängel. Besiedelt Seeufer und Sumpfwiesen. Die gefährdete Art wächst in Deutschland im Weser-, Elbe-, Spree-, Oder- und Rheintal sowie im Bodenseegebiet und Alpenvorland.

Verwendung: Durch Blatt und Blüte eindrückliche Solitärstaude für Gartenteich und Feuchtgräben.

Weitere Arten: Das ähnliche, spätblühende Fuchssche Greiskraut (*Senecio ovatus*) mit langovalen Blättern gedeiht im Waldschatten.

Gut zu kombinieren: Ergänzt andere wüchsige Teichpflanzen wie Berle, Froschlöffel, Sumpf-Wolfsmilch, Wolfstrapp, Blutauge.

Zwerg-Rohrkolben

Typha minima

30–80 cm, grünlich, Frucht zimtbraun, Mai
Rohrkolbengewächse (Typhaceae)

Straff aufrechte, schmal linealische und blaugrüne Blätter. Die blütentragenden Stängel sind fast blattlos. Grünliche, dichte, oft fast kuglige, grünliche Blütenwalzen, die sich zu auffällig zimtbraunen Fruchtständen entwickeln. Gedeiht ausschließlich in kalkreichen schlickigen Auen alpennaher Flüsse, einem Lebensraum, der in Mitteleuropa heute fast vernichtet ist. Letzte Vorkommen im Lech- und Inntal, Schweizer Rhein- und Rhonetal.

Verwendung: Eigenwilliger und eleganter, gut gedeihender Solitär für Gartenteich und Feuchtgräben. Im Gegensatz zu seinen größeren Verwandten nie lästig werdend.

Weitere Arten: Viel häufiger und in kleinen Gartenteichen rasch wuchernd sind Schmal- und Breitblättriger Rohrkolben (*Typha angustifolia* und *latifolia*).

Gut zu kombinieren: Passt gut zu Teichpflanzen wie Froschlöffel, Pfeilkraut, Tannenwedel, Straußblütiger Gilbweiderich, Fieberklee und Blutauge.

03

SERVICE

PHÄNOLOGISCHE TABELLE DER BLÜTEN-, FRUCHT- UND HERBSTASPEKTE

Die Tabelle zeigt, nach den beschriebenen Lebensräumen im naturnahen Garten geordnet, die jahreszeitlichen Entwicklungen der vorgehend beschriebenen Wildstauden. Damit wird eine grobe Übersicht über die Farbentwicklungen von Blüte, Blatt und Frucht in den jeweiligen Lebensräumen im Jahreslauf möglich.

Die folgenden Einschränkungen sind dabei zu beachten:
Die Farbangaben sind nur schematisch und rudimentär wiedergegeben. Die angegebene Blütezeit ist lediglich ein Richtwert und kann durch Rückschnitt mit remontierenden Blüten herbstwärts oft verlängert werden. Die Herbstverfärbung der Blätter kann je nach Jahr und Standort sehr unterschiedlich verlaufen und möglicherweise fast ganz ausbleiben. Fruchtaspekte sind nur bei besonders auffällig und lang haftenden Früchten/Fruchtständen angegeben.

Folgende Abkürzungen werden verwendet:

ED	Extensive Dachbegrünung
FE	Feuchtzone und feuchter Graben
GW	Gewässer und Nassstandorte
HS	Halbschattiger Saum
RU	Ruderalflächen
SR	Staudenrabatte sonnig-humos
ST	Schatten tiefgründig und humos
ST	Schatten trocken
TR	Trockenheißer Kiesstandort
TR	Trockenmauer sonnig und schattig
WI	Wiesen mager und fett

Die Blütenfarben sind in folgende Grundfarben aufgeteilt:

Laubfarben und Frucht sind folgendermaßen gekennzeichnet:

Laub

Herbstfärbung

Frucht

TROCKENHEISSER KIESSTANDORT

PFLANZE	JAN	FEB	MAR	APR	MAI	JUN	JUL	AUG	SEP	OKT	NOV	DEZ	Duft	Blatt-aroma	Lebens-räume	Seite
Berg-Lauch *Allium lusitanicum*													●	●	ED, TR	63
Kugelköpfiger Lauch *Allium sphaerocephalon*														●	TR	63
Ästige Graslilie *Anthericum ramosum*															TR	64
Gold-Aster *Aster linosyris*															TR	64
Sichelblättriges Hasenohr *Bupleurum falcatum*															TR	65
Weidenblatt-Rindsauge *Buphthalmum salicifolium*															HS, SR	65
Rundblättrige Glockenblume *Campanula rotundifolia*															ED, TR, WI	66
Karthäuser-Nelke *Dianthus carthusianorum*															ED, TR, WI	66
Blutroter Storchenschnabel *Geranium sanguineum*															ED, HS, SR, TR, WI	67
Gemeines Sonnenröschen *Helianthemum nummularium*															ED, TR, WI	67
Schopfiger Hufeisenklee *Hippocrepis comosa*													●		ED, TR, WI	68
Blauer Lattich *Lactuca perennis*															RU, HS, SR, TR	68
Breitblättriges Laserkraut *Laserpitium siler*														●	HS, TR	69
Dornige Hauhechel *Ononis spinosa*															SR, TR, WI	69
Gemeine Küchenschelle *Pulsatilla vulgaris*													●		HS, SR, WI	70
Rotes Seifenkraut *Saponaria ocymoides*															HS, SR, TR	70
Purpurklee *Trifolium rubens*													●		ED, HS, TR	71
Ähriger Ehrenpreis *Veronica spicata*															ED, TR, WI	71

EXTENSIVE DACHBEGRÜNUNG

PFLANZE	JAN	FEB	MAR	APR	MAI	JUN	JUL	AUG	SEP	OKT	NOV	DEZ	Duft	Blatt-aroma	Lebens-räume	Seite
Herzblättrige Kugelblume *Globularia cordifolia*															TK, TR	73
Kriechendes Gipskraut *Gypsophila repens*															TK, TR	73
Scharfer Mauerpfeffer *Sedum acre*															TK, TR	74
Dach-Hauswurz *Sempervivum tectorum*															TK, TR	74
Berg-Gamander *Teucrium montanum*														●	TK, TR	75
Feld-Thymian *Thymus serpyllum*														●	TK, TR, WI	75

TROCKENSONNIGE, NÄHRSTOFFREICHE RUDERALFLÄCHE

PFLANZE	JAN	FEB	MAR	APR	MAI	JUN	JUL	AUG	SEP	OKT	NOV	DEZ	Duft	Blatt-aroma	Lebens-räume	Seite
Echte Ochsenzunge *Anchusa officinalis*															SR	77
Färber-Hundskamille *Anthemis tinctoria*														●	SR	77
Schwarznessel *Ballota nigra*															SR	78
Wegwarte *Cichorium intybus*															SR	78
Gemeiner Natternkopf *Echium vulgaris*															ED, SR, TK, TR	79
Färberwaid *Isatis tinctoria*													●		SR, TK	79
Echtes Herzgespann *Leonurus cardiaca*															SR	80
Echter Steinklee *Melilotus officinalis*													●		SR	80
Eselsdistel *Onopordum acanthium*															SR	81
Großblütige Königskerze *Verbascum densiflorum*															SR, TK, TR	81

SONNIG-HUMOSE STAUDENRABATTE

PFLANZE	JAN	FEB	MAR	APR	MAI	JUN	JUL	AUG	SEP	OKT	NOV	DEZ	Duft	Blatt-aroma	Lebens-räume	Seite
Kleiner Odermennig *Agrimonia eupatoria*															HS	83
Großes Windröschen *Anemone sylvestris*															HS	83
Große Sterndolde *Astrantia major*															SH	84
Nesselblättrige Glockenblume *Campanula trachelium*															HS, SH, ST	84
Berg-Flockenblume *Centaurea montana*													●		HS, ST	85
Skabiosen-Flockenblume *Centaurea scabiosa*															TK, WI	85
Pracht-Nelke *Dianthus superbus*													●			86
Großblütiger Fingerhut *Digitalis grandiflora*															HS	86
Wasserdost *Eupatorium cannabinum*															FE, HS, SH, ST	87
Kleines Mädesüß *Filipendula vulgaris*													●		WI	87
Sigmarskraut *Malva alcea*															FE	88
Echte Katzenminze *Nepeta cataria*														●	HS, SR	88
Blaue Himmelsleiter *Polemonium caeruleum*													●		FE, HS	89
Bunte Kronwicke *Securigera varia*															HS, RU	89

MAGERE UND FETTE WIESEN

PFLANZE	JAN	FEB	MAR	APR	MAI	JUN	JUL	AUG	SEP	OKT	NOV	DEZ	Duft	Blatt-aroma	Lebens-räume	Seite
Wiesen-Schafgarbe *Achillea millefolium*														●	SR	91
Knäuelblütige Glockenblume *Campanula glomerata*															SR	91
Wiesen-Flockenblume *Centaurea jacea*															SR	92
Echtes Labkraut *Galium verum*													●		SR, TK	92
Wiesen-Storchschnabel *Geranium pratense*															SR	93
Saat-Esparsette *Onobrychis viciifolia*															SR, TK	93
Frühlings-Fingerkraut *Potentilla verna*															SR, TK, TR	94
Wiesen-Schlüsselblume *Primula veris*													●		SR	94
Wiesen-Salbei *Salvia pratensis*														●	SR, TK	95
Rote Lichtnelke *Silene dioica*															FE, SH, SR	95

HALBSCHATTIGER SAUM

PFLANZE	JAN	FEB	MAR	APR	MAI	JUN	JUL	AUG	SEP	OKT	NOV	DEZ	Duft	Blatt-aroma	Lebens-räume	Seite
Gemeine Akelei *Aquilegia vulgaris*															SR, ST	97
Blauer Steinsame *Buglossoides purpurocaerulea*															ST	97
Langblättriges Hasenohr *Bupleurum longifolium*															SH, SR, ST	98
Wald-Bergminze *Calamintha menthifolia*														●	SR, ST	98
Pfirsichblättrige Glockenblume *Campanula persicifolia*															SR, ST, TK	99
Aufrechte Waldrebe *Clematis recta*													●		SR	99
Berg-Kronwicke *Coronilla coronata*													●		SR, TK, TR	100
Diptam *Dictamnus albus*														●	SR	100
Frühlings-Platterbse *Lathyrus vernus*															ST	101
Immenblatt *Melittis melissophyllum*															SR, ST	101
Alpen-Ziest *Stachys alpina*															SR, ST, RU	102
Straußblütige Margerite *Tanacetum corymbosum*															SR, ST	102
Edel-Gamander *Teucrium chamaedrys*															SR, ST, TK, TR	103
Vogel-Wicke *Vicia cracca*															SR	103

TROCKENER SCHATTEN

PFLANZE	JAN	FEB	MAR	APR	MAI	JUN	JUL	AUG	SEP	OKT	NOV	DEZ	Duft	Blatt-aroma	Lebens-räume	Seite
Mandelblättrige Wolfsmilch *Euphorbia amygdaloides*															SR, ST	105
Brauner Storchschnabel *Geranium phaeum*															SR, ST, RU	105
Stinkende Nieswurz *Helleborus foetidus*															SR, ST	106
Klebriger Salbei *Salvia glutinosa*														●	HS, SR	106
Salbeiblättriger Gamander *Teucrium scorodonia*															HS, SR	107
Kleine Wiesenraute *Thalictrum minus*															HS, SR	107

SONNIG-SCHATTIGE TROCKENMAUER

PFLANZE	JAN	FEB	MAR	APR	MAI	JUN	JUL	AUG	SEP	OKT	NOV	DEZ	Duft	Blatt-aroma	Lebens-räume	Seite
Berg-Steinkraut *Alyssum montanum*													●		TR	117
Braunstieliger Streifenfarn *Asplenium trichomanes*																117
Zwerg-Glockenblume *Campanula cochleraiifolia*															TK	118
Stein-Nelke *Dianthus sylvestris*													●		TK	118
Immergrünes Felsenblümchen *Draba aizoides*													●		TR	119
Leberbalsam *Erinus alpinus*													●			119
Hirschzunge *Phyllitis scolopendrium*																120
Aurikel *Primula auricula*													●			120
Berg-Heilwurz *Seseli libanotis*														●	HS, SR, TK	121
Stein-Baldrian *Valeriana tripteris*																121

TIEFGRÜNDIG-HUMOSER SCHATTEN

PFLANZE	JAN	FEB	MAR	APR	MAI	JUN	JUL	AUG	SEP	OKT	NOV	DEZ	Duft	Blatt-aroma	Lebens-räume	Seite
Wolfs-Eisenhut *Aconitum lycotonum*																109
Gemeiner Frauenmantel *Alchemilla vulgaris*																109
Busch-Windröschen *Anemone nemorosa*																110
Wald-Geißbart *Aruncus dioicus*													●			110
Fünfblatt-Zahnwurz *Cardamine pentaphyllos*																111
Hohlknolliger Lerchensporn *Corydalis cava*													●			111
Echter Waldmeister *Galium odoratum*																112
Wald-Storchschnabel *Geranium sylvaticum*															SR, WI	112
Wilde Mondviole *Lunaria rediviva*													●			113
Vielblütiges Salomonssiegel *Polygonatum multiflorum*																113
Echtes Lungenkraut *Pulmonaria officinalis*																114
Rundblättriger Steinbrech *Saxifraga rotundifolia*																114
Zweiblättriger Blaustern *Scilla bifolia*																115
Akeleiblättrige Wiesenraute *Thalictrum aquilegifolium*													●			115

FEUCHTZONE UND FEUCHTER GRABEN

PFLANZE	JAN	FEB	MAR	APR	MAI	JUN	JUL	AUG	SEP	OKT	NOV	DEZ	Duft	Blatt-aroma	Lebens-räume	Seite
Sumpf-Schafgarbe *Achillea ptarmica*														●		123
Wohlriechender Lauch *Allium suavolens*													●	●		123
Sumpf-Dotterblume *Caltha palustris*													●			124
Echtes Mädesüß *Filipendula ulmaria*													●		SR	124
Schachblume *Fritillaria meleagris*															WI	125
Schwalbenwurz-Enzian *Gentiana asclepiadea*															SH	125
Bach-Nelkenwurz *Geum rivale*															HS, SH	126
Sumpf-Siegwurz *Gladiolus palustris*													●			126
Sibirische Schwertlilie *Iris sibirica*													●		SR	127
Blut-Weiderich *Lythrum salicaria*																127
Ross-Minze *Mentha longifolia*														●	SR	128
Wald-Schlüsselblume *Primula elatior*															SH, WI	128
Echter Wiesenknopf *Sanguisorba officinalis*																129
Färber-Scharte *Serratula tinctoria*																129
Teufelsabbiss *Succisa pratensis*													●			130
Trollblume *Trollius europaeus*													●			130
Arznei-Baldrian *Valeriana officinalis*															SR	131
Langblättriger Ehrenpreis *Veronica longifolia*																131

GEWÄSSER UND NASSSTANDORTE

PFLANZE	JAN	FEB	MAR	APR	MAI	JUN	JUL	AUG	SEP	OKT	NOV	DEZ	Duft	Blatt-aroma	Lebens-räume	Seite
Gemeiner Froschlöffel *Alisma plantago-aquatica*																133
Berle *Berula erecta*														●		133
Schwanenblume *Butomus umbellatus*																134
Sumpf-Wolfsmilch *Euphorbia palustris*																134
Tannenwedel *Hippuris vulgaris*																135
Wasserfeder *Hottonia palustris*													●			135
Europäischer Froschbiss *Hydrocharis morsus-ranae*																136
Wolfstrapp *Lycopus europaeus*																136
Strauß-Gilbweiderich *Lysimachia thyrsiflora*													●			137
Fieberklee *Menyanthes trifoliata*													●			137
Sumpf-Vergissmeinnicht *Myosotis scorpioides*																138
Ähren-Tausendblatt *Myriophyllum spicatum*																138
Gelbe Teichrose *Nuphar lutea*													●			139
Weiße Seerose *Nymphaea alba*													●			139
Gemeine Seekanne *Nymphoides peltata*													●			140
Blutauge *Potentilla palustris*																140
Sumpf-Greiskraut *Senecio paludosus*																141
Zwerg-Rohrkolben *Typha minima*																141

FACHBEGRIFFE

Im Folgenden finden Sie auf die naturnahe Wildstaudenverwendung fokussierte Erklärungen, differenzierte Erläuterungen können in der Fachliteratur (siehe Seite 159) nachgelesen werden.

Ackerbegleitflur
Farbenfroh blühende einjährige Blütenpflanzen, die Getreideäcker begleiten, z. B. Klatschmohn, Kornblume, Kamille; Gartenlebensraum mit hoher Dynamik

Art
Pflanzen- oder Tierart, mit den nächsten Verwandten zusammengefasst in Gattung und Pflanzenfamilie; z. B. Art: Hunds-Rose, Gattung: Rose, Familie: Rosengewächse

Auenwald
Flussbegleitender Waldtyp mit oft überschwemmter, weidenreicher Weichholzaue und selten überschwemmter, eschenreicher Hartholzaue

Begleitstaude
Wird den Aspekt bestimmenden Leitstauden dienend zur Seite gestellt

Beikraut
Spontan versamende Stauden oder Gräser, gemeinhin „Unkraut" genannt

Biodiversität
Vielfalt der Arten, Genetik und Lebensräume

Blatt, ganzrandig
Der Blattrand ist ungezähnt

Blatt, gefiedert
Drei bis viele Teilblätter umgeben paarig oder unpaarig den Blattstiel

Blatt, gezähnt
Der Blattrand ist deutlich gezähnt

Blattnerven
Sichtbare Nerven auf dem Blatt, meist netznervig oder parallel verlaufend

Blattrosette
Blätter direkt über dem Boden sternförmig ausgebreitet

Blattstruktur/Blatttextur
Formen und ästhetische Wirkung des Einzelblattes bzw. des Blattaufbaus

Blütenähre
Blüte mit gestreckter Hauptachse und ungestielten, sitzenden Einzelblüten

Blütentraube
Blüte mit gestreckter Hauptachse und gestielten Einzelblüten

Bodenansprüche
Pflanzen haben artspezifische Bodenansprüche bezüglich Wasser- und Nährstoffversorgung sowie Bodenstruktur und Kalkgehalt

Bruchwald
Waldtyp in dauerhaft staunassen Mulden, meist nährstoffreicher Schwarzerlen- oder nährstoffarmer Kiefern-Birken-Bruchwald

Böschungssicherung
Erfolgt mit raschwachsenden, tiefwurzelnden Wildstauden oder -gehölzen

Dachsubstrat
Überwiegend mineralisches Substrat für die extensive Dachbegrünung, oft aus Blähton, Kies oder Kalksplitt bestehend

Dachbegrünung, extensiv
Extremer trockenheißer Gartenlebensraum auf kiesigen Substraten

Doldenblüte
Schirmförmig verzweigter, flacher Blütenstand mit zentralen Verzweigungspunkten

Dynamik
Hier: Entwicklung und zeitliche Abfolge der (natürlichen) Pflanzenbestände

Gehölz
Bestand von Sträucher und/oder Bäumen

Einheimisch/heimisch
Hier: in einer bestimmten Region heimische Wildstaudenarten

Einjährige (Annuelle)
Den Winter nur als Same überdauernd, meist Acker- und Gartenkulturen spontan begleitend

Farn
Gefäßsporenpflanzen ohne Blüten, Schwestergruppe der Blütenpflanzen; in der Gartengestaltung wichtig für Schattenbereiche und schattige Trockenmauern

Felsgrusflur
Feinschutt über Felsen, kalkreich oder kalkarm; Lebensraum für spezialisierte Pflanzenarten

Felskopf/Felsflur
Lebensraum für spezialisierte, hochgradig trockenheitsverträgliche Pflanzenarten

Felsspalte/Mauerspalte
Lebensraum für spezialisierte Fels-/Mauerspaltenbewohner, z. B. Felsenblümchen

Fettwiese
Reich an Nährstoffen, Ertrag und Gräsern, nur wenige blühende Wildstauden

Feuchtzone/Feuchtbereich
Gartenlebensraum in feuchten Mulden, Gräben und an Gewässerrändern

Fließgewässer
Flüsse und Bäche; Lebensraum für spezialisierte Wildstauden, z. B. Brunnenkresse

Frühblüher
Alle Wildstauden mit einer frühen Blüte im (Vor-)Frühling

Futterpflanze
Wildstaude, die als Nahrung für bestimmte Tiere, meist Insekten dient, z. B. Doldenblütler für den Schwalbenschwanz, Brennnessel für das Tagpfauenauge

Gartengestaltung, naturnah
Bewusster Einbezug von Lebensräumen, heimischen und standortgerechten Wildstauden und -gehölzen, Verwendung lokaler Materialen

Gattung
Fasst Arten zu einer Gattung zusammen, z. B. alle Enziane oder Schwertlilien

Gegenständig
Je zwei Blätter stehen sich am Stängel gegenüber

Gehölz
Strauch oder Baum im Gegensatz zu den nicht verholzenden Stauden

Gehölzunterwuchs
Moose, Schattenstauden und/oder Sträucher unterhalb von Bäumen/Sträuchern

Geophyt
Wildstaude mit unterirdischer Knolle, Zwiebel oder Rhizom als Überwinterungsorgan

Gestein, kalkarm, kalkreich
Prägt durch Trockenheit, Kalkgehalt oder -armut den Pflanzenbewuchs

Grasartige
Mit den Süßgräsern verwandte Familien wie Sauergräser, Binsen, Hainsimsen

Halbstrauch
Übergangsform zwischen Staude und Zwergstrauch, am Grunde leicht verholzend

Hecke
Oft linearer Lebensraum im Garten aus Gehölzen mit begleitendem Staudensaum

Heide
Von Zwergsträuchern, meist Erikagewächsen dominierte Sekundärvegetation, meist durch Brandrodung und Überweidung aus Wäldern über nährstoffarmen, Sand-, Torf- oder Felsböden entstanden; meist artenarmer Gartenlebensraum

Hochstaude
Staude, nicht nur hochwüchsig, sondern auch viel Feuchtigkeit und Nährstoffe benötigend, gedeiht nur in montaner und subalpiner Lage, z. B. Wald-Geißbart

Humus
Durch Abbau von Blattresten entstehende organische Bodensubstanz (Pflanzerde)

Kalkfels
Kalkreiches, aus Tierresten warmer Meere entstandenes Ablagerungsgestein

Kiesstandort, trockenheiß
Lebensraum im Garten, humusfrei oder -arm, aus kiesigem Material

Kleinstrauch
Strauch mit einer Wuchshöhe bis zu 150 cm

Korbblüte
Sammelblüte der Korbblütler, meist aus inneren Röhren- und randlichen Zungenblüten bestehend, z. B. Margerite

Kraut
Einjährige oder kurzlebige Blütenpflanze im Gegensatz zur mehrjährigen Staude

Lebensform
Erscheinungsform der Wildstaude, z. B. Polsterwuchs, Schwimmblatt, Hochstaude

Lebensraum
Raum, in dem bestimmte Pflanzenarten oder -gemeinschaften gedeihen können

Lehm
Mineralische Mischung aus Sand und noch feinerem Schluff, kann Feuchtigkeit und Nährstoffe über lange Zeit binden, neigt zu Wechselfeuchte oder bei Verdichtung zu Vernässung

Leitstaude
Wildstaude mit hervorragender Wirkung, wird zumeist in größeren Stückzahlen und/oder Wiederholungen eingesetzt und prägt dann den Gartenstandort wesentlich

Lokalklima
Lokale Abweichung vom Großklima einer Region, z. B. feuchte Schlucht

Magerwiese
Arm an Nährstoffen, Ertrag und Gräsern, dadurch artenreicher Wildstaudenbestand und blütenbunter Gartenlebensraum mit hohen Ansprüchen an Licht und Trockenheit

Mauerkrone
Oberer Abschluss der Trockenmauer und artenreicher Gartenlebensraum, der dem trockenheißen Kiesstandort bzw. Felsköpfen entspricht

Montanzone
Meist zwischen 600 und 1500 m Meereshöhe gelegen, kühler und feuchter als das Tiefland, Heimat gartenwürdiger Hochstauden wie Wald-Geißbart und Mondviole

Nährstoffversorgung/-gehalt
Zusammen mit Wasser und Licht bestimmend für das artspezifische Vorkommen und Wachstum von Wildstauden

Nassstandort
Gartenlebensraum am Teichrand, Fließgewässer oder stauender Mulde

Ökotyp
Die meisten Pflanzen- und Tierarten entwickeln lokal- und regionalspezifische Formen mit standortsangepassten Merkmalen und Genetik

Pflanzdichte
Anzahl zu pflanzender Wildstauden pro Fläche, in der humosen Rabatte z. B. 8 Stück pro m^2

Pflanzenfamilie
Fasst verwandte Arten und Gattungen zusammen, z. B. Rosen- oder Primelgewächse

Pionierpflanze/Pionierstaude
Meist stark versamende Ein-/Zweijährige oder kurzlebige Stauden mit der Fähigkeit, rasch unbewachsene Rohböden zu besiedeln

Polsterstaude, Blattpolster
Niedriges, sehr dichtes, oft flach halbkugliges Blattpolster, typische Anpassung an extrem trockene Felsstandorte und/oder alpine Lagen

Präriegarten
Reich an hochwüchsigen Stauden mit Spätsommerblüte aus dem Mittleren Westen Nordamerikas

Quirlständig
Drei bis zehn Blätter sind sternförmig um den Stängel angeordnet

Remontieren
Staude gelangt nach Rückschnitt bald zu neuer Blüte

Rhizom
Nährstoffspeichernder, drahtiger oder fleischiger, meist unterirdischer Pflanzenspross

Röhricht
Lebensraum am Gewässerrand mit schilfartig hochwüchsigen Gräsern und Stauden

Ruderalflur/Ruderalfläche
Trockenwarmer und nährstoffreicher Gartenlebensraum mit hoher Dynamik

Saum/Saumflur/Saumgesellschaft
Meist artenreicher Übergangsbereich vom Wald zu Wiese oder Offenland, wichtiger Gartenlebensraum und Heimat zahlreicher attraktiver Wildstauden

Schatten
Durch Lichtmangel geprägter Gartenlebensraum mit zahlreichen geeigneten Wildstauden im tiefgründig-humosen Schatten und artenarm im trockenen Bereich

Schlagflur
Durch Licht, Nährstoffreichtum und hohe Dynamik geprägte wüchsige Staudenflur nach Entfernung der schattenden Baumschicht, oft ähnlich der Ruderalflur

Schnitthäufigkeit
Anzahl der jährlichen Schnitte einer Wiese (ein- bis sechsmal jährlich)

Schotterwüste
Hier: missglückte Form der Gartengestaltung mit dem Ziel, durch Vlies und Grobschutt Pflanzenwachstum zu verhindern

Schuttboden/Schuttflur
Lebensraum aus Gesteinsschutt mit hoch spezialisierten Wildstauden

Schwimmblattflur/-zone
Auf der Wasseroberfläche schwimmende Blätter, z. B. Seerose, Laichkraut

Siedlungsraum
Hier: Potenzial für die Biodiversität in naturnahen Gärten innerhalb der Dörfer und Städte

Solitär/Solitärstaude
Staude mit herausstechender Einzelwirkung

Spätblüher
Alle Wildstauden mit einer spätsommerlichen bis frühherbstlichen Blüte

Splitt/Kalksplitt
Im Gegensatz zum flussgewaschen, gerundeten Kies direkt aus dem Felsgestein gebrochene, kiesartige, aber kantige Gesteinssplitter

Standortgerecht
Den spezifischen, lokalen Lebensumständen angepasste Wildstaude

Staude
Krautige, nicht verholzende und mehrjährige Blütenpflanze

Staudenpotenzial
Hier: Gesamtheit der für eine bestimmten Gartenstandort geeigneten Wildstauden

Staudenrabatte
Humoser Gartenlebensraum mit hohem Potenzial für zahlreiche Wildstauden

Stillgewässer
Weiher, Teich, See ohne nennenswerten Wasserdurchfluss

Strauch
Verholzende, meist mehrstämmige Pflanze, im Gegensatz zum Baum meist ohne deutlichen, unten astfreien Hauptstamm und Krone, Wuchshöhe meist 1–15 m

Stromtal
Spezifischer Naturlebensraum der tiefliegenden, warmen großen Flusstäler, z. B. Donau, Rhein, Elbe und Oder; Heimat zahlreicher Wasser- und Sumpfstauden

Subalpinzone
Meist zwischen 1600 und 2300 m Meereshöhe, durch Nadelwald, Waldgrenze und Zwergstraucheiden gekennzeichnet

Sukkulenz/sukkulent
Dickfleischig-ledrige, wasserspeichernde Blätter als Anpassung an extreme Trockenstandorte, z. B. Felsköpfe, extensive Dachbegrünung

Sukzession
Natürliche Abfolge der spontan aufwachsenden Pflanzengemeinschaften vom Pionierstadium hin zu Zwischen- und reifen Schlussgesellschaften, diese oft Wald

Tongehalt
Entscheidend für die Wasser- und Nährstoffspeicherung des Bodens

Trittsteinfunktion
Naturnahe Lebensräume in enger Benachbarung ermöglichen den Austausch von Pflanzen und Tierarten im Sinne der Biodiversität

Trockenmauer
Aus (lokalen) Natursteinen ohne zementverfugte Zwischenräume errichtet, wichtiger Gartenlebensraum

Trockenrasen
Lückiger Rasen/Wiese mit spezialisierten Wildstauden in extrem trockenen Lebensräumen wie Binnendünen, Felsfluren, inneralpine Trockentäler

Trockenstandort
Humusarmer, meist trocken-kiesiger oder sandiger Gartenlebensraum, im Gegensatz zur Ruderalflur stets nährstoffarm, langsamwüchsig und dadurch pflegeextensiv

Trockenwarme Region
Wichtiger Naturlebensraum und Heimat zahlreicher Wildstauden in tiefen, trockenwarmen Regionen, z. B. Lössbörden, Oberrhein, Donau, Wiener Becken

Unterart/Kleinart
Pflanzenart bildet ähnliche, im Gegensatz zum Ökotyp optisch unterscheidbare Lebensformen, z. B. Thymian, Bergminze, Frauenmantel

Unterwasserflur
Wildstauden fluten unter der Wasseroberfläche, z. B. Tausendblatt

UV-Farbsehen
Haben die meisten heimischen Insekten und wichtigen Bestäuber, beeinflusst wesentlich das Farbspektrum der Wildstaudenblüten

Verbreitungsmuster
Vorkommen bestimmter Pflanzenarten, z. B. nur in Mittelgebirgen, Stromtälern

Vernetzung, ökologische
Mannnigfaches Zusammenspiel zwischen Lebensraum und den darin heimischen Pflanzen und Tieren, kann im naturnahen Garten aktiv gefördert werden

Waldrand
Entspricht ökologisch dem Saum, einem artenreichen Grenzlebensraum

Wandkies
Natürliches, aus Flussablagerungen entstandenes Gemisch aus Kies und Sand, wird in der Kiesgrube direkt ab Wand abgebaut

Wechselfeucht
Meist durch hohen Tongehalt bedingter Boden mit starken Schwankungen zwischen Vernässung und Austrocknung, Lebensraum spezifischer Wildstauden

Wechselständig
Die Blätter stehen einzeln und versetzt am Stängel

Wildgehölz
Analog zur Wildstaude für Gehölz (Strauch/Baum)

Wildstaude
Züchterisch nicht bearbeitete, wildnishafte, im Kontext mit der standortgerechten Pflanzung robuste, bei lokal/regional heimischer Verbreitung für die Biodiversität wertvolle Staude

Wintergrüne
Wildstauden mit wintergrünem oder immergrünem Laub

Wuchsspektrum
Hier: Gesamtheit der vorkommenden Lebensräume einer bestimmten Wildstaude

Wurzeldruck, Wurzelfilz
Dichtes Wurzelwerk kann die Ansiedlung/Ausbreitung von Wildstauden im Gehölzschatten behindern

Zweijährige
Kurzlebige Staude, bildet im ersten Lebensjahr Blattrosette und Pfahlwurzel, im zweiten Blüte und Frucht und stirbt dann ab, kann durch starke Versamung für hohe Dynamik sorgen

Zwergstrauch
Niedriger, kleinwüchsiger Strauch bis 50 cm Wuchshöhe, kann in Heiden und subalpinen Zwergstrauchheiden dominante Pflanzenform sein

BEZUGSQUELLEN

Die Interessen des naturnahen Gartens und damit auch nachhaltig produzierter, heimischer Wildstauden, werden in Deutschland, Österreich und der Schweiz durch vier Verbände vertreten, die in der Schweiz (Bioterra-Gütesiegel) und Österreich (Rewisa-Zertifikat) auch qualifizierte Wildstaudengärtnereien zertifizieren. Beim NaturGarten e. V. sind nur die durch das Gütesiegel für naturnahes Grün – empfohlen von Bioland – bezeichneten Betriebe zertifiziert. Die dazugehörigen Vorgaben und Richtlinien sind auf den Webseiten der vier Verbände einsehbar, ebenso eine detaillierte Adressliste der entsprechenden Produktionsbetriebe. Zertifiziert sind alle dem Verband deutscher Wildsamen- und Wildstaudenproduzenten (VWW) angeschlossenen Betriebe, die vorwiegend Saatgut produzieren.

DEUTSCHLAND

NaturGarten e. V. Verein für naturnahe Garten- und Landschaftsgestaltung
www.naturgarten.org/Mitgliedsbetriebe/Wildpflanzen

VWW – Verband deutscher Wildsamen- und Wildstaudenproduzenten
www.natur-im-vww.de/Bezugsquellen/Gräser und Kräuter

ÖSTERREICH

Rewisa-Netzwerk – Fachbetriebe naturnahes Grün
www.naturgarten-netzwerk.at/Fachbetriebe/Pflanzenlieferanten

SCHWEIZ

Bioterra – die Organisation für Bio- und Naturgarten
www.bioterra.ch/Biogärtnerei finden/Wildpflanzen

DEUTSCHLAND

Foerster Stauden GmbH
14469 Potsdam-Bornim
www.foerster-stauden.de

Grün 22
Dorfstraße 47
19246 Lassahn
www.grüen22.de

Wiebke Busch
Stapelholmer Weg 43
24852 Eggebek
www.blüetenmeer2020.de

Giselas Saatfabrik
Norderende 22
25853 Bohmstedt
twenhoeven@gmx.de
Willi Tangermann
Rauhe Wiese 17
31171 Nordstemmen
www.tangermann-stauden.de

Gartenhof Backhaus UG
Hellstraße 34
52525 Heinsberg
www.gartenhof-backhaus.com

Kräuter- und Wildpflanzengärtnerei Strickler
Lochgasse 1
55232 Alzey-Heimersheim
www.gaertnerei-strickler.de

Syringa-Samen
Bachstraße 7
78247 Hilzingen-Binningen
www.syringa-samen.de

Hof Berggarten
Lindenweg 17
79737 Herrischried
www.hof-berggarten.de

Gärtnerei Stauden-Spatz
Kreilhof 7
82386 Oberhausen
www.staudenspatz.de

Gopper Gartengestaltung
Breitenbergstraße 5
88289 Waldburg
www.gopper-gartengestaltung.de

Staudengärtnerei Gaissmeyer
Jungviehweide 3
89257 Illertissen
www.staudengaissmayer.de

ÖSTERREICH

Naturgarten-Mikulitsch
Camillianergasse 1
1130 Wien
www.naturgarten.at

Wildblumen Pointl
Steinhübelstraße 1
4800 Attnang-Puchheim
www.wildblumen-pointl.at

Bangerl Erich
Riedlhof 28
4760 Raab

Biobaumschule Ottenberg
Loibingdorf 13
4621 Sipbachzell
www.biobaumschule-ottenberg.at

Feldweber-Staudengärtnerei
Ort im Innkreis 139
4974 Ort im Innkreis
www.feldweber.com

Institut Hartheim
Anton Strauchallee 1
4072 Alkoven

Wilde Blumen OG
Puchheimerstraße 9
4844 Regau
www.wildeblumen.at

SCHWEIZ

Die Wildstaudengärtnerei
Neumühle 2
6274 Eschenbach LU
www.wildstauden.ch
(Pflanzenversand nur innerhalb der Schweiz)

Blattgrün – Gärtnerei im Park
Allmendstrasse 1
8911 Rifferswil ZH
www.gaertnerei-blattgrün.ch

Astrantias GMBH
Solarstrasse 9
8834 Schnidellegi SZ
www.astrantias.com

Neubauer GMBH
Lenzenhausstrasse 9
8586 Erlen TG
www.neubauer.ch

Stiftung Wildstaudengärtnerei
Höfli
Im Berg 19
8537 Nussbaumen TG
www.wildstauden-gärtnerei.ch

Schloss-Gärtnerei Schloss Teufen
Schloss
8428 Teufen ZH
www.schloss-gaertnerei.ch

Die Erlebnisgärtnerei
Haselweg 3
5235 Rüfenach AG
www.dieerlebnisgaertnerei.ch

Eulenhof Staudengärtnerei
Schaufelgasse 34 a
4313 Möhlin AG
www.eulenhof-stauden.ch

Gärtnerei am Hirtenweg
Hirtenweg 30
4125 Riehen BS
www.hirtenweg.ch

Gartenwerke GMBH
Eigen 23
4952 Eriswil BE
www.gartenwerke.ch

Gartenbauschule Hünibach
Chartreusestrasse 7
3626 Hünibach BE
www.gsh.ch

Tenera Wildpflanzen
Bräter-Allmend 41
3616 Schwarzenegg BE
www.tenera-wildpflanzen.ch

Alpine Permakultur Schweibenalp
Schweibenalp
3855 Brienz BE
www.alpine-permakultur.ch

Chutzegarte
Chutzenstrasse 2
3047 Bremgarten b. Bern BE
www.chutzegarte.ch

Wildstaudengärtnerei Diemerswil
Dorfstrasse 48
3053 Diemerswil BE
www.wildpflanzen-diemerswil.ch

Equipe Volo
Propsteiweg 9
2504 Biel/Bienne BE
www.equipe-volo.ch

Lautrejardin
Chemin du Pontet 5
1721 Cormérod FR
www.lautrejardin.ch

LITERATUR

NATURNAHE GARTENGESTALTUNG

Aufderheide, U. (2015): **Schöne Wege im Naturgarten** – Wege, Plätze und Einfahrten als Lebensräume. Darmstadt: Pala-Verlag

Boomgarden, H., Oftring, B., Ollig, W. (2018): **Naturgarten für Anfänger** – 35 Ideen für nachhaltiges Gärtnern. Stuttgart: Verlag Eugen Ulmer

Fassmann, N. (2018): **Mein Naturgarten** – wie er mir gefällt. Stuttgart: Verlag Eugen Ulmer

Hilgenstock, F., Witt, R. (2017): **Das Naturgartenhandbuch** – Nachhaltig denken, planen, bauen. Band 1 und 2. Ottenhofen: Verlag Naturgarten

Richard, P. (2018): **Der gestaltete Naturgarten** – wildromantische Gärten planen und bauen. Bern: Haupt Verlag

Schäffer, A., Schäffer, N. (2019): **Ein Garten für Insekten** – Schmetterlinge, Libellen und andere Wirbellose fördern, beobachten und schützen. Graz: Aula-Verlag

Witt, R. (2015): **Nachhaltige Pflanzungen und Ansaaten.** Ottenhofen: Naturgarten Verlag

Witt, R. (2015): **Natur für jeden Garten.** 10 Schritte zum Natur-Erlebnis-Garten. Das Einsteigerbuch. Ottenhofen: Verlag Naturgarten

PFLANZENBESTIMMUNG, VERBREITUNGSANGABEN, PFLANZENGESELLSCHAFTEN

www.floraweb.de

www.infoflora.ch

Aichele, D., Spohn, M. (2015): **Was blüht denn da?** Wildwachsende Blütenpflanzen Mitteleuropas. Stuttgart: Franckh-Kosmos Verlag

Delarze, R., Gonseth, Y., Eggenberg, S., Vust, M. (2015): **Lebensräume der Schweiz** – Ökologie – Gefährdung – Kennarten. Bern: Ott Verlag

Ellenberg, H., Leuschner, C. (2010): **Vegetation Mitteleuropas mit den Alpen.** Stuttgart: UTB, Verlag Eugen Ulmer

Fischer, M., Oswald, K., Adler, W. (2008): **Exkursionsflora für Österreich, Liechtenstein, Südtirol.** Linz: Biologiezentrum der Oberösterreichischen Landesmuseen

Fischer, R. (2004): **Blütenvielfalt im Pannonikum** – Pflanzen im östlichen Niederösterreich, Nordburgenland und in Wien. Eching: IHW Verlag

Fleischhauer, S.G., Spiegelberger, R., Gutmann, J. (2018): **Enzyklopädie Essbare Wildpflanzen.** Aarau: AT-Verlag

Haeupler, H., Muer, T. (2014): **Bildatlas der Farn- und Blütenpflanzen Deutschlands** – Alle 4200 Pflanzen in Bild und Text. Stuttgart: Verlag Eugen Ulmer

Lauber, K., Wagner, G., Gygax, A. (2018): **Flora Helvetica** – Illustrierte Flora der Schweiz. Bern: Haupt Verlag

Lüder, R. (2017): **Grundkurs Pflanzenbestimmung** – Eine Praxisanleitung für Anfänger und Fortgeschrittene. Heidelberg: Quelle & Meyer Verlag

Mucina, L., Grabherr, G., Ellmauer, T. (1993): **Die Pflanzengesellschaften Österreichs.** Jena: Gustav Fischer Verlag

Schmeil-Fitschen (2016): **Die Flora Deutschlands und angrenzender Länder.** Heidelberg: Quelle & Meyer Verlag

Schubert, R., Hilbig, W., Klotz, S. (2009): **Bestimmungsbuch der Pflanzengesellschaften Deutschlands.** Wiesbaden: Spektrum Akademischer Verlag

Steiger, P. (2010): **Wälder der Schweiz** – Von Lindengrün zu Lärchengold – Vielfalt der Waldbilder und Waldgesellschaften der Schweiz. Bern: Ott Verlag

Steiger, P. (2016): **Esche, Espe oder Erle?** – Pflanzenporträts aller wildwachsende Gehölze Mitteleuropas. Bern: Ott Verlag

Waldburger, E., Pavloic, V., Lauber, K. (2003): **Flora des Fürstentums Liechtenstein in Bildern.** Bern: Haupt Verlag

AUTOR

Peter Steiger ist selbstständiger Garten- und Landschaftsarchitekt in Rodersdorf bei Basel, Schweiz. Seine Spezialität sind Neuanlagen und Umgestaltungen naturnaher Gärten mit artenreichen Staudenbepflanzungen, die in Übereinstimmung mit den unterschiedlichen Standortbedingungen im Garten stehen. Weitere Infos finden Sie unter *www.pulsatilla.ch*.
Zusätzlich beschäftigt er sich mit Waldstandorten, Waldreservatskonzepten, Umweltverträglichkeitsprüfungen und Umweltbaubegleitungen. Zu diesen Themen schreibt er auch zahlreiche Artikel in Fachzeitschriften wie der Gartenpraxis. Die Leitung von botanischen Naturreisen führt ihn in zahlreiche interessante Florengebiete. Zudem ist Peter Steiger Dozent für naturnahe Gartengestaltung an der Hochschule Wädenswil.

DANK

Danken möchte ich in erster Linie den unzähligen Gartenbesitzern in der Schweiz, Deutschland, Frankreich und Liechtenstein. Durch ihre Aufträge zu naturnahen Um- und Neugestaltungen erhielt ich die Gelegenheit, intensive Erfahrungen mit einer großen Schar heimischer Wildstauden an ganz unterschiedlichen Standorten sammeln zu können.

Dank gilt auch den unermüdlichen Wildstaudenproduzenten, allen voran Patricia Willi in Eschenbach bei Luzern, die ein großes Sortiment an Wildstauden für die gärtnerische Praxis anbieten. Mit ihnen finden immer wieder fruchtbare Dialoge über die gärtnerische Verwendung der Wildstauden statt. Die Lust, attraktive Wildstauden auf ihre gärtnerische Vermehrung und anschließend auf ihre praktische Verwendung im naturnahen Garten zu testen, schafft starke Verbindungen: Die Hochschule Wädenswil hat mir als Dozent des Lehrganges für naturnahen Garten- und Landschaftsbau jahrelang die Möglichkeit gegeben, das Wesen und die Eigenarten vieler Wildstauden in Wort, Bild und Lebensraumkontext zu erfassen. Bilder und Vorbilder für die Gartengestaltung konnte ich so für die Studenten verdeutlichen und für mich selbst verinnerlichen.

Für anregende Gespräche über Gärten und ihre pflanzlichen wie menschlichen Bewohner geht mein Dank insbesondere an: Adrian Isler, Agnes Fernex, Andrea Bär, Andrea Haslinger, Andreas Kessler, Arnaud Fernex, Barbara Bachmann, Barbara Stark, Christine Odermatt, Elisabeth Schneeberger, Erika Gussmann, Ewald Hügin, Franz Weber, Ina Blum, Johanna Becker, Johannes Burri, Karin Gegauf, Karlheinz Rücker, Katja Zurmühle, Kerstin Lüchow, Kok van Herk, Livia Sauter, Mirko Müller, Monica Marti, Monika Seith, Nadine Kofmehl, Norbert Durand, Paula Polak, Peter Leuthold, Peter Lüthi, Pirmin Rohrer, Raymond Vogel, Reinhard Witt, Robert Pemberton, Robert Wilson-Wright, Rolf Heinisch, Sabine Tschäppeler, Sara Stolz, Severin Krieger, Stefan Best, Stefan Jessen, Stephan Aeschlimann-Yelin, Susan Wacker, Thomas Uebelhart, Ulrike Aufderheide, Ursula Rusterholz-Schällibaum.

Ganz herzlich bedanken möchte ich mich auch bei den beiden Lektorinnen Alessandra Kreibaum und Doris Kowalzik für ihr unermüdliches Engagement und die fruchtbaren Dialoge während der Entstehung dieses Buches.

Meine Partnerin Maya Rechsteiner teilt meine Begeisterung über neu Erblühendes immer wieder und ich danke ihr für die Großzügigkeit, große Teile unseres eigenen Gartens als spannende Versuchsfläche für Wildstauden verwenden zu dürfen.

REGISTER

BILDQUELLEN

Alle Bilder und Zeichnungen stammen vom Autor, mit Ausnahme der folgenden:
Lugerbauer, Kathrin: Titelbild, Seite 6
shutterstock.com/Grigorev Mikhail: Seite 137 re.
Winiger, Björn: Seite 160

IMPRESSUM

Die in diesem Buch enthaltenen Empfehlungen und Angaben sind vom Autor mit größter Sorgfalt zusammengestellt und geprüft worden. Eine Garantie für die Richtigkeit der Angaben kann aber nicht gegeben werden. Autor und Verlag übernehmen keine Haftung für Schäden und Unfälle. Bitte setzen Sie bei der Anwendung der in diesem Buch enthaltenen Empfehlungen Ihr persönliches Urteilsvermögen ein. Der Verlag Eugen Ulmer ist nicht verantwortlich für die Inhalte der im Buch genannten Websites.

Bibliografische Information der Deutschen Nationalbibliothek
Die Deutsche Nationalbibliothek verzeichnet diese Publikation in der Deutschen Nationalbibliografie; detaillierte bibliografische Daten sind im Internet über http://dnb.d-nb.de abrufbar.

Wollgrasweg 41,
70599 Stuttgart (Hohenheim)
E-Mail: info@ulmer.de
Internet: www.ulmer.de
Projektleitung: Doris Kowalzik
Lektorat: Alessandra Kreibaum
Herstellung: Gabriele Wieczorek
Buchgestaltung, Umschlagentwurf und Satz: Michaela Mayländer, Stuttgart, www.sistermic.de
Reproduktion: timeray Visualisierungen, Jettingen
Druck und Bindung: Firmengruppe APPL, aprinta druck, Wemding
Printed in Germany

ISBN 978-3-8186-0718-0

HIER KÖNNEN SIE WEITERLESEN

Wild Garden.
Gärten naturalistisch gestalten.
Sven Nürnberger. 2019.
216 Seiten, 220 Farbfotos,
Flexcover.
ISBN 978-3-8186-0716-6.

Welche Lebensbedingungen herrschen am Naturstandort bestimmter Pflanzen? Mit dieser Erkenntnis sowie der gärtnerischen Ableitung und gestalterischen Interpretation im eigenen Garten beschäftigt sich dieses anspruchsvolle Gartenbuch. Anhand ausgewählter Vegetationsbeschreibungen begeben Sie sich auf eine spannende Reise in unterschiedliche Regionen der Erde. Schrittweise wird das Nachempfinden des Naturstandortes im eigenen Garten beleuchtet und die Möglichkeiten für eine naturnahe Gartengestaltung, in der die Ästhetik und die Erfüllung der Lebensbedingungen harmonieren, aufgezeigt.

RAUS AUS DEM SCHATTENDASEIN

Schattenstauden.
Die dunkle Seite Ihres Gartens.
Katrin Lugerbauer. 2017.
168 Seiten, 137 Farbfotos,
Flexcover.
ISBN 978-3-8001-08 31-2.

Die Problemzone Schatten gibt es in Katrin Lugerbauers Gartenwelt nicht. Im Gegenteil: Gerade Schattengewächse haben es ihr von Anfang an angetan. Die Autorin und Fotografin präsentiert vielfältige Ideen für Beet und Topf, mit denen sich Schattenbereiche das ganze Jahr über ansprechend und nachhaltig bepflanzen lassen. Vom Frühjahrsblüher bis hin zur Blattschmuckstaude, von heimischen Schattenpflanzen bis zu denen Nordamerikas und Asiens zeigt sie die ganze Fülle der Schattengewächse auf. Wer weiß – vielleicht werden auch Sie zum leidenschaftlichen Sammler von Schattenstauden?